滇池流域主要蔬菜、花卉作物养分吸收特性

续勇波 张维理 郑 毅 著

科学出版社

北 京

内 容 简 介

本书聚焦于集约化蔬菜花卉产区的农业面源污染问题，在实地调查摸清主要作物施肥现状及存在问题的基础上，开展了农田土壤养分状况调查与评价、蔬菜花卉田间肥料试验、蔬菜花卉营养生理特性等研究，为建立精准化平衡施肥技术体系提供保障。本书通过调查采样，针对滇池流域高度集约化生产条件下的 21 种蔬菜、9 种花卉共计 30 种作物进行了全生育期生长动态和养分吸收动态监测研究，同时还对 11 种稀特少花卉的商品花采收期进行了一次性取样调查，研究了它们的养分吸收参数，获得了不同时期植株鲜、干重增长动态及养分含量、养分吸收量、吸收比例、每吨净产品养分吸收量等参数，揭示了这些蔬菜花卉作物全生育期生长动态、养分吸收动态和需肥规律。通过实际生产条件下的动态监测研究，完善了滇池流域主要蔬菜花卉作物营养生理基础研究工作。

本书可为农学、园艺学、生态学、环境科学等领域的科技工作者和高校学生，以及农业生产、农业环境保护领域的管理人员提供较好的借鉴和参考。

图书在版编目 (CIP) 数据

滇池流域主要蔬菜、花卉作物养分吸收特性/续勇波，张维理，郑毅著．—北京：科学出版社，2020.11
ISBN 978-7-03-066951-3

Ⅰ．①滇⋯ Ⅱ．①续⋯ ②张⋯ ③郑⋯ Ⅲ．①滇池–流域–蔬菜–土壤有效养分–营养吸收 ②滇池–流域–花卉–土壤有效养分–营养吸收 Ⅳ．① S630.6 ②S680.6

中国版本图书馆 CIP 数据核字(2020)第 226723 号

责任编辑：王海光 王 好 闫小敏 / 责任校对：严 娜
责任印制：吴兆东 / 封面设计：刘新新

科学出版社 出版
北京东黄城根北街 16 号
邮政编码：100717
http://www.sciencep.com

北京中石油彩色印刷有限责任公司 印刷
科学出版社发行 各地新华书店经销

*

2020 年 11 月第 一 版　　开本：B5 (720×1000)
2020 年 11 月第一次印刷　　印张：9 3/4
字数：193 000
定价：**128.00 元**
(如有印装质量问题，我社负责调换)

前　言

富营养化是水体污染的主要问题。滇池是中国著名的高原淡水湖泊，也是西南地区最大的内陆湖泊，更是全国重点治理的三大湖泊之一。富营养化是滇池污染的主要问题，农业面源污染是滇池富营养化的重要原因，农田氮磷流失是农业面源污染的重要组成部分，过量、不合理施肥是农田氮磷流失严重的根本原因。20世纪90年代滇池流域化肥过量施用的现象在全国极为罕见，而呈贡县蔬菜、花卉基地化肥用量更是惊人。不合理施肥的原因主要是农技人员缺乏蔬菜、花卉等作物养分需求规律方面的知识储备。以往平衡施肥技术多以粮食、棉花等大田作物为研究对象，蔬菜、花卉营养需求规律方面的研究几乎处于空白状态，农技人员缺乏相关技术储备，无法提供技术指导。同时，由于种植历史短，农民只能凭感觉看市场施肥。

随着种植业结构的调整，蔬菜、花卉种植面积将继续增加，农田氮磷肥料过量施用问题将更为突出，农田径流污染还将持续作为滇池最主要的污染源。大量研究表明，农田氮磷养分用量及氮磷养分盈余量的高低是氮磷径流损失量的决定性因素。因此，研究并推广应用精准化平衡施肥技术，从源头控制氮磷化肥用量，是有效削减农田氮磷流失的重要措施。而对作物营养需求规律的研究是平衡施肥技术的关键，也是解决农业面源污染问题和提高资源利用效率的突破口。

滇池流域蔬菜、花卉种类达30余种，大部分蔬菜、花卉的营养需求规律研究几乎没有详细的报道；对各类新型经济作物在流域、水源涵养地、水源保护区大面积种植的环境风险等问题的研究几乎处于空白，难以为发展环境友好且经济可行的种植模式和替代技术、有效削减流域农田氮磷肥料用量、从源头上控制面源污染提供技术支持。

本书聚焦集约化蔬菜、花卉产区的农田面源污染问题，在实地调查摸清主要作物施肥现状及存在问题的基础上，开展农田土壤养分调查、田间肥料试验、蔬菜花卉营养生理特性研究等，为建立精准化平衡施肥技术体系提供保障。本书对推广应用精准化平衡施肥技术，从源头控制氮磷化肥污染，纠正过量、不合理施肥，有效削减农田氮磷流失，实现农产品洁净生产和农业可持续发展等具有重要的科学意义与实用价值。

本书通过大样本调查采样，采用科学合理的研究方法，系统深入地研究和阐述了滇池流域高度集约化生产条件下不同蔬菜、花卉的营养生理特性与需肥规律，数据翔实、分析透彻。通过实际生产条件下的动态监测研究,完善了作物营养生理基础研究工作,为制订科学合理的施肥计划,确定精准化平衡施肥技术关键施肥参数等提供了理论依据和技术支持。蔬菜、花卉田间肥料试验、营养生理特性研究等,是制订科学合理的农业面源污染防治技术措施的基础和关键。蔬菜、花卉等经济作物的全生育期生长动态和养分吸收动态规律等,是相关领域众多科技工作者在指导农民科学施肥时的重要依据,可为农学、园艺、生态学、环境科学等领域的科技工作者和高校学生,以及农业生产、环境保护领域的管理人员提供较好的借鉴和参考。

由于著者水平有限,书中不足之处在所难免,恳请广大读者批评指正。

续勇波
2019 年 10 月于昆明

目 录

第一章 绪论 ... 1
第一节 滇池流域集约化农田蔬菜、花卉生产中存在的主要问题 ... 1
一、富营养化是滇池污染的主要问题 ... 1
二、农业面源污染是滇池富营养化的重要原因 ... 1
三、农田氮磷流失是农业面源污染的重要组成部分 ... 2
四、过量、不合理施肥是农田氮磷流失严重的根本原因 ... 2
第二节 蔬菜作物过量、不合理施肥的主要原因 ... 4
第三节 蔬菜营养吸收特性与需肥规律研究现状 ... 4
一、白菜类蔬菜 ... 6
二、绿叶类蔬菜 ... 6
三、甘蓝类蔬菜 ... 7
四、茄果类蔬菜 ... 8
五、瓜类蔬菜 ... 9
六、豆类蔬菜 ... 9
七、根菜类蔬菜 ... 10
第四节 研究目的和意义 ... 10

第二章 滇池流域农田土壤养分与施肥量 ... 12
第一节 农田土壤养分含量与丰缺状况 ... 12
第二节 农田化肥施用量和肥料利用率 ... 13
一、农田氮磷化肥施用量调查 ... 13
二、主要蔬菜化肥施用情况及利用率 ... 27

第三章 主要蔬菜作物肥料效应 ... 30
第一节 材料和方法 ... 30
一、试验条件 ... 30
二、供试土壤 ... 31
三、试验设计 ... 31

第二节　结果与分析 31
　　　　一、施肥对甜椒的肥料效应 31
　　　　二、施肥对西芹的肥料效应 35
　　　　三、施肥对生菜的肥料效应 37
　　　　四、经济效益分析 39
　　第三节　讨论 40

第四章　设施栽培中生菜养分吸收规律和氮磷肥料利用率 42
　　第一节　材料和方法 42
　　　　一、试验材料 42
　　　　二、试验方法 42
　　第二节　结果与分析 43
　　　　一、不同处理对产量的影响 43
　　　　二、不同处理对生菜养分吸收的影响 44
　　　　三、不同处理对氮、磷肥料利用率的影响 44
　　　　四、土壤肥力效应与肥料效应比较 45
　　　　五、不同处理对生菜食用部位硝酸盐含量的影响 45
　　　　六、不同处理对土壤肥力的影响 45
　　第三节　讨论 46
　　第四节　主要结论 47

第五章　蔬菜鲜干重增长动态和氮磷钾营养吸收特性 48
　　第一节　材料和方法 48
　　　　一、调查研究区域 48
　　　　二、采样方法 49
　　　　三、测定项目及方法 51
　　第二节　根菜类蔬菜鲜干重增长动态和氮磷钾营养吸收特性 51
　　　　一、心里美萝卜 51
　　　　二、胡萝卜 57
　　第三节　白菜类蔬菜鲜干重增长动态和氮磷钾营养吸收特性 62
　　　　一、白菜 62
　　　　二、瓢菜 65

第四节　甘蓝类蔬菜鲜干重增长动态和氮磷钾营养吸收特性 66
　　一、甘蓝 66
　　二、紫甘蓝 69
　　三、花椰菜 71
　　四、青花菜 74

第五节　绿叶类蔬菜鲜干重增长动态和氮磷钾营养吸收特性 77
　　一、西芹 77
　　二、生菜 80
　　三、莴笋 83
　　四、荷兰芹 87
　　五、菠菜和豌豆尖 90

第六节　茄果类蔬菜鲜干重增长动态和氮磷钾营养吸收特性 91
　　一、茄子 91
　　二、甜椒 95
　　三、尖椒 100

第七节　瓜类蔬菜（西葫芦）鲜干重增长动态和氮磷钾营养吸收特性 104
　　一、西葫芦的生长动态 104
　　二、西葫芦的养分吸收特性 106
　　三、西葫芦不同时期的养分吸收量及比例、速率 106
　　四、西葫芦不同时期的养分含量 107

第八节　豆类蔬菜鲜干重增长动态和氮磷钾营养吸收特性 108
　　一、荷兰豆 108
　　二、甜豌豆 112
　　三、菜豆 116

第六章　保护地石竹干物质积累和养分吸收特性研究 121
第一节　材料和方法 121
第二节　结果和分析 122
　　一、石竹干重增长累积特性 122
　　二、石竹养分吸收特性 123
　　三、石竹不同时期养分吸收特性 124
　　四、石竹不同时期养分含量 125

第三节　讨论 ·· 125
  第四节　主要结论 ·· 126
第七章　其他花卉生长与养分吸收特性 ··· 127
  第一节　花卉生长与养分吸收动态 ··· 127
    一、海星 ··· 127
    二、勿忘我 ·· 127
    三、满天星 ·· 128
    四、玫瑰 ··· 128
    五、鞭尾菊 ·· 128
    六、香雪兰 ·· 129
    七、洋桔梗 ·· 129
    八、百合 ··· 130
  第二节　花卉养分吸收参数 ··· 130
    一、几种主要花卉养分吸收参数 ··· 130
    二、珍稀花卉养分吸收参数 ··· 131
第八章　主要蔬菜、花卉作物营养生理特性 ··· 132
  第一节　养分需求参数 ··· 132
  第二节　养分吸收动态曲线 ··· 135
第九章　主要结论与展望 ·· 138
  第一节　讨论 ·· 138
  第二节　主要结论 ·· 140
  第三节　展望 ·· 141
参考文献 ·· 143

第一章 绪 论

第一节 滇池流域集约化农田蔬菜、花卉生产中存在的主要问题

一、富营养化是滇池污染的主要问题

滇池是中国著名的高原淡水湖泊，也是西南地区最大的内陆湖泊，素有"高原明珠"之称，被誉为昆明人的"母亲湖"，更是国家"三江三湖"重点治理水域之一。20 世纪 90 年代以来，社会经济迅猛发展，城市规模不断扩大，人口剧增，使滇池污染负荷加大，治理难度增加。1998~2000 年，滇池连续三年为超Ⅴ类水，几乎失去了作为水的各种功能，成为一池废水。据环保部门调查，滇池水体中的总磷、总氮、化学需氧量及有毒有害物质等重要污染物的超标率，低的为 50%，高的达 80 倍之多。而草海（滇池内湖）中的致癌、致突变、致畸物质达 60 余种。当前，滇池水体富营养化、蓝藻暴发及农村面源污染等仍是亟待解决的难题。

表征富营养化的总磷（TP）、总氮（TN）、叶绿素 a 含量和透明度等指标在滇池呈明显上升趋势。近 20~30 年，滇池水质下降了 2 个等级，草海重度富营养化、局部沼泽化，外海严重富营养化，出现全湖水质超Ⅴ类的严重状况。1982~1997 年，TN 从 0.97 mg/L 增至 2.192 mg/L，增长了 126%；TP 由 0.046 mg/L 上升至 0.260 mg/L，增长了 465%。富营养化导致水生生态环境遭到严重破坏，目前已很难采到土著鱼种。

二、农业面源污染是滇池富营养化的重要原因

面源污染即农村农业污染。除工业污水和城市生活废水排放外，面源污染是河湖水质不断恶化的另一个重要原因。随着近年流域点源污染控制工程的实施，尤其在实现了工业污染源排放总量控制和加快城市污水处理厂建设后，面源污染对水体的影响越来越突出。目前，滇池流域点源污染得到有效控制，草海透明度上升，叶绿素 a 含量下降，然而富营养化状况并未明显改善，TN 和 TP 含量甚至仍呈上升趋势，2000 年草海 TN 和 TP 含量分别为 11.89 mg/L 和 1.06 mg/L，外海分别高达 2.20 mg/L 和 0.28 mg/L，远远超过水体富营养化标准，属于劣Ⅴ类水。农业面源污染已成为滇池水质的一大威胁。

三、农田氮磷流失是农业面源污染的重要组成部分

调查结果表明,滇池流域面源 TN、TP 入湖量分别为 2918 t、418 t,其中滇池流域内由农业区农田、林地、荒地排入滇池的凯氏氮为 2473 t,总磷为 135.8 t,分别占面源氮、磷污染的 70.7%和 69.1%,占滇池氮、磷污染负荷的 33.6%和 14.9%,其中来自农田氮磷肥料流失的污染负荷占据主导地位。

来自滇池的监测报告表明,由面源污染带入滇池的总磷和总氮已分别占到这些污染物入湖总量的 64.0%和 52.7%,年平均面源入湖的总氮和总磷分别为 2955 t 和 417 t,其中,仅由化肥流失而带入滇池的氮、磷一年就超过 1600 t,而总磷和总氮是造成滇池严重富营养化的主要污染物。因此,控制流域面积达 2920 km² 的农村面源污染已成为解决滇池富营养化和蓝藻污染问题的关键。

四、过量、不合理施肥是农田氮磷流失严重的根本原因

统计资料分析表明,2001 年滇池流域化肥平均用量达 1029 kg/hm²,远高于同期昆明市(683 kg/hm²)、云南省(286 kg/hm²)和全国(435 kg/hm²)化肥平均用量,更高于国际公认的化肥安全施用上限 225 kg/hm²。以滇池流域呈贡县大渔乡(使用的是资料收集或调查时的地名)12.5 km² 示范区为例,蔬菜氮化肥用量平均为 49.0 kg/亩①(纯 N,下同),磷化肥用量平均为 26.8 kg/亩(P_2O_5,下同),远远高于滇池流域化肥平均用量。

1981~2000 年的 20 年间,昆明市耕地的 N、P 累积盈余已分别超过 3000 kg/hm² 和 1200 kg/hm²,这些过剩的 N、P 有相当一部分将经径流、淋洗等途径进入沟渠,最终流入滇池。国内外大量研究表明,在合理施肥的情况下,农田氮磷流失量很低,甚至基本等同于无肥区,只有在过量、不合理施肥条件下才会发生氮磷大量流失并污染水体。因此,削减农田氮磷化肥用量,从源头控制农田氮磷污染负荷已成为滇池污染治理的根本措施之一。

流域坝区农田产业基地养分调查与平衡的计算结果显示,农田施肥平均投入的氮素和磷素总量分别为作物生产消耗利用量的 3.3~7.6 倍和 1.3~2.3 倍,每公顷耕地氮素和磷素的盈余分别为 711 kg 和 66 kg,最高达 1050 kg 和 123 kg。化肥(尤其是氮磷化肥)的大量投入,不合理的基肥、追肥施用比例,肥料 N、P、K 比例失调,片面增施氮肥,以及不合理的耕作方式,一方面造成氮、磷养分的大量流失,土壤的严重板结,以及盐渍化现象普遍发生;另一方面造成生态环境的严重破坏,农作物病虫害频繁发生,大量投入农药成为维持生产的基本手段。

---

① 1 亩≈666.7m²

因此,开展平衡施肥研究不仅是节省肥料、提高肥料利用率的重要途径,也是促进植株健壮生长、保证植株生长整齐、减轻蔬菜病虫害、提高作物品质、实现增产增收、减少环境污染、达到农业生产持续发展及土壤资源永续利用目的的必要措施。

不合理的施肥尤其是过量施用氮磷化肥是当前蔬菜生产中普遍存在的问题,为昆明市蔬菜生产带来了严重隐患。中国农业科学院农业资源与农业区划研究所在北京、山东、河北、浙江等地4000多个蔬菜大棚的调查结果表明,目前保护地蔬菜年平均氮、磷化肥用量(以N、P_2O_5计)已分别超过1500 kg/hm^{2}和1000 kg/hm^2,滇池流域蔬菜氮、磷养分平均用量更高,分别超过1800 kg/hm^{2}和1200 kg/hm^2,是作物养分实际需求量的4~6倍,加上大量的有机肥投入,集约化农田养分投入量已远远超过作物需求,两者相差近10倍。过量养分的投入不仅没有提高作物的产量与品质,反而造成了严重的经济与环境后果,主要体现在以下几方面。

1)氮、磷养分过量施用直接造成土壤养分超量富集,土壤质量严重下降。据中国农业科学院农业资源与农业区划研究所调查,北京市保护地菜田根区土壤硝态氮累积量达 479.8 kg/hm^2,即便不施肥,仍能保证作物全年的氮素需求;保护地菜田有效磷含量平均达 223.4 mg/kg,已经成为菜田老化的标志。氮磷养分过量富集的直接后果是土壤次生盐渍化,养分供应失衡,板结,结构破坏,微生物区系衰变,有益微生物活性下降,生产功能退化。换土、移棚已成为农民不得不采用的一项补救性措施。

2)过量的氮磷养分投入,不仅增加了生产成本,而且引起了农产品质量下降,严重限制了我国蔬菜出口。这主要体现在:①蔬菜硝酸盐含量超标严重。对北京市场上 32 种主要蔬菜硝酸盐含量的调查结果表明,由于施肥量迅速增加,蔬菜硝酸盐含量比 20 世纪 80 年代初增加了 1~4 倍,其中 7 种蔬菜硝酸盐含量超过欧盟提出的最低限量建议标准,以不同方式计算的全市人均硝酸盐日摄入量为 310~885 mg,超出世界卫生组织规定标准的 40%~300%。②蔬菜农药残留加剧。氮磷养分的过量施用造成作物营养失调,对病虫害的抵抗能力明显降低,但受自身认识水平所限,生产者很难认识到病虫害发生的真正根源,仅仅靠加大农药用量来试图解决问题,其直接后果是非但未能有效控制病虫害,反而造成蔬菜农药残留严重超标,成为我国蔬菜出口的瓶颈。近年来在不同国家或地区多次发生因我国出口农产品中污染物含量超标而被拒绝进口或查禁销毁等事件,这已经给我们敲响了警钟。中国农业科学院农业资源与农业区划研究所在滇池流域的研究与实践证明,合理的养分供应不但可以提高产量,而且可以有效减少农药用量,改善蔬菜品质。

3)过量施肥直接危及水资源的安全。保护地菜田在不当的灌水或排水条件下,土壤富集的氮磷养分会随水大量流失。中国农业科学院在北京、天津、河北、山东、陕西等地600个点位的调查显示，约46%的样点地下水、饮用水硝酸盐含量超标（国际规定的饮用水硝态氮标准为不得超过45 mg/L），最高达500 mg/L，且氮肥用量越高，种菜历史越久，地下水超标问题越严重。农田养分发生径流损失是滇池富营养化的一个重要原因。随着经济全球化进程的加快和中国加入世界贸易组织（World Trade Organization，WTO），我国的蔬菜生产不仅要满足国内市场的需要，还要面向国际市场。为打破国外技术壁垒，保证出口农产品的质量和安全，促进农业可持续发展，研究并建立优质出口型蔬菜肥料优化施用技术体系是关键。然而，现存的大多数施肥技术主要针对传统的粮食作物，而对蔬菜、花卉等特色作物的养分需求规律研究较少，缺乏配套的施肥技术。

第二节 蔬菜作物过量、不合理施肥的主要原因

目前，我国缺少对蔬菜、花卉等新型经济作物需肥规律的研究。近年来，在市场经济的推动下，各地农村种植结构迅速调整，蔬菜、花卉播种面积大幅度增长，与此同时，我国对不断出现的各种新型蔬菜、花卉作物需肥规律的研究严重滞后，难以为农民提供各种新型蔬菜、花卉作物的施肥技术规程，不能对不同土壤、不同气候条件和不同轮作方式下不同作物的施肥量、施肥期、养分比例、肥料类型、施肥方法、施肥次数、基追肥比例等加以规范。本研究启动之初，在示范区内的调查结果显示，同一个村子里，在土壤、气象条件相似的条件下，不同农户种植同一种作物，肥料养分用量相差最高可达10倍。小农户生产方式下，标准化程度低下，导致肥料利用率极低，环境污染加重。

此外，我国目前还十分缺乏对各种蔬菜、花卉等新型经济作物需肥规律，不同类型种植模式和农业技术措施环境效应的研究，对各类新型经济作物在流域、水源涵养地、水源保护区大面积种植的环境风险等问题的研究几乎处于空白，难以为发展环境友好且经济可行的种植模式和替代技术、有效削减流域农田氮磷肥料用量、从源头上控制面源污染提供技术支持。因此，开展蔬菜营养吸收特性研究，推广应用精准化平衡施肥技术，从源头控制氮磷化肥用量，是纠正过量、不合理施肥，有效削减农田氮磷流失的重要保证。

第三节 蔬菜营养吸收特性与需肥规律研究现状

随着农业生产的发展和人们环保意识的增强，对蔬菜生产不仅要求产量高，而且要求品质好。但是，在当前蔬菜生产中，增产的施肥措施普遍存在投肥过多、养分失衡、肥效不高、资源浪费等问题，不仅影响蔬菜的产量和品质，降低了生产的经济效益，而且造成了土壤和地下水源的污染。

蔬菜是一类高度集约栽培的作物，许多研究表明，蔬菜与粮食作物相比，无论在需肥量上还是在对不同养分的需求状况上都存在相当大的差异，但不同种类蔬菜在营养吸收方面有许多共性，如对土壤理化性状的要求比较严格，需肥量较大，带走的养分多，氮、钾吸收比例大，养分转移率低，是喜硝态氮作物，根呼吸需氧量大，根系吸收能力强，需钙量较高，对缺硼、缺钼比较敏感等（蔡绍珍和陈振德，1997；李家康等，1997；孟兆芳，1999；陈伦寿和陆景陵，2002）。蔬菜种类和品种繁多，生长发育特性和产品器官各有差异，各类蔬菜的主要生物学特性和食用器官不同，有的以根、茎、叶为食用器官，有的以未成熟的花供人们食用，有的则以成熟或未成熟的果实或种子作为商品菜，因此不同蔬菜种类间养分吸收特性各有差异（李家康等，1997；陈伦寿和陆景陵，2002）。而掌握各种蔬菜的营养吸收特性和需肥规律，对于平衡施肥，确定科学合理的施肥时期、施肥种类、肥料用量及比例等具有重要的理论和实践意义。

目前，国内外针对大田粮食作物、经济作物养分吸收规律的研究较多，如水稻（王月琴等，1999；邹长明等，2002）、小麦、玉米（宋海星和李生秀，2003）、棉花、烤烟、芝麻（范兴安，1998）等，而针对蔬菜的研究较少，且我国多数集中在传统蔬菜上，如大白菜、芹菜、萝卜、花椰菜等，且研究结果不尽一致（表1-1）。现对蔬菜营养吸收特性的研究结果进行总结，可概括如下。

表1-1 部分蔬菜形成1000 kg商品菜所需养分量

蔬菜种类	养分需求量（kg）			$N:P_2O_5:K_2O$
	N	P_2O_5	K_2O	
大白菜	1.8～2.2	0.4～0.9	2.8～3.7	
大白菜	0.8～2.6	0.8～1.2	3.2～3.7	1:0.5:1.7
瓢菜（油菜）	2.8	0.3	2.1	
结球甘蓝	3.1～4.8	0.5～1.2	3.5～5.4	1:0.3:1.1
花椰菜	10.8～13.4	2.1～3.9	9.2～12.0	1:0.3:0.7
菠菜	2.1～3.5	0.6～1.8	3.0～5.3	
芹菜	1.8～2.6	0.9～1.4	3.7～4.0	1:0.5:1.4
莴笋	2.1	0.7	3.2	
番茄	2.8～4.5	0.5～1.0	3.9～5.0	1:0.2:1.5
茄子	3.0～4.3	0.7～1.0	0.6～3.1	
甜椒	3.5～5.4	0.8～1.3	5.5～7.2	1:0.2:1.2
胡萝卜	2.4～4.3	0.7～1.7	5.7～11.7	1:0.4:2.7
小萝卜	2.2	0.3	3.0	1:0.14:1.36
萝卜	2.1～3.1	0.8～1.9	3.8～5.6	1:0.5:1.8

注：数据引自中国农业科学院土壤肥料研究所（1994）、全国土壤肥料总站肥料处（1990）、张振贤和于贤昌（1996）、谢建昌和陈际型（1997）、陈伦寿和陆景陵（2002）

一、白菜类蔬菜

据李家康等（1997）研究，大白菜在产量为 88.16 t/hm² 时，每公顷吸收带走 N 197.40 kg、P_2O_5 57.00 kg、K_2O 277.50 kg，生产 1000 kg（可食部分鲜重，下同）商品菜，吸收 N 2.24 kg、P_2O_5 0.65 kg、K_2O 3.15 kg，N：P_2O_5：K_2O 为 1：0.29：1.41。据程季珍等（1995）报道，白菜吸收的 N：P_2O_5：K_2O 为 1：0.51：1.25。徐菁（1990）不同施肥处理的试验结果表明，白菜产量在 88 740～152 865 kg/hm² 时，吸收 N 214.95～384.75 kg/hm²、P_2O_5 80.58～141.14 kg/hm²、K_2O 269.40～383.85 kg/hm²。张振贤等（1993）研究表明，大白菜每生产 1000 kg 商品菜约需纯氮 1.816 kg、纯磷 0.362 kg、纯钾 2.834 kg，与杨进等（1964）对大白菜氮磷钾吸收规律的研究结果相比有一定差异。以前的研究一是含量偏低或偏高（蒋名川，1981），二是氮、磷、钾的比例差别较大（蒋名川，1981；刘芷和陈丽媛，1988），其原因主要是测试方法、所用品种和土壤肥力不同。也有资料表明，每生产 1000 kg 大白菜商品菜需吸收 N 1.5～2.3 kg、P_2O_5 0.7～0.9 kg、K_2O 2.0～3.7 kg（戴春玲和蒋有良，2001）。蔡绍珍等（1992）比较研究了覆膜栽培与露地栽培大白菜的需肥特性，其结果为每生产 1000 kg 大白菜商品菜需吸收的 N、P_2O_5、K_2O 分别为 2.07 kg、1.06 kg、2.23 kg 和 2.46 kg、1.21 kg、2.37 kg，覆膜栽培单位产量养分吸收量明显低于露地栽培，但覆膜对大白菜植株养分最大吸收量影响不大。

二、绿叶类蔬菜

芹菜在产量为 53.67 t/hm² 时，每公顷吸收带走 N 136.80 kg、P_2O_5 73.20 kg、K_2O 197.10 kg，生产 1000 kg 商品菜，吸收 N 2.55 kg、P_2O_5 1.36 kg、K_2O 3.67 kg，N：P_2O_5：K_2O 为 1：0.53：1.44（李家康等，1997）。也有报道表明，当西芹产量分别为 9 t/hm² 和 20 t/hm² 水平时，每吨带走的养分（kg）分别为：N=2.5 和 6.5、P_2O_5=2.0 和 2.5、K_2O=6.0 和 9.0，即当西芹地上部分产量为 81 t/hm² 时，吸收的养分（kg/hm²）为 N=206、P_2O_5=154、K_2O=240（国际肥料工业协会，1999）。孟祥栋和蒋先明（1993）的研究结果为：单株西芹 N、P、K、Ca、Mg 吸收量分别为 3.87 g、0.93 g、3.25 g、2.82 g、0.46 g，其比例为 8.4：2.0：7.1：6.1：1.0。N、K、Ca 吸收量迅速增加的转折点为发棵和产品形成期的开始，此时为施肥关键期。生产 1000 kg 西芹商品菜，N、P、K、Ca、Mg 的吸收量分别为 2.19 kg、0.48 kg、1.65 kg、1.60 kg、0.26 kg（孟祥栋和蒋先明，1993）。每公顷芥蓝吸收带走 N 60.0～75.0 kg、P_2O_5 11.25～14.25 kg、K_2O 63.0～78.0 kg（关佩聪等，1991a）。就生菜而言，利用砂培方法研究不同营养液配方对生菜长势、产量的影响（李树和等，

2001),利用水培方法研究不同氮素形态及其配比对生菜铁营养的影响(汪李平和李式军,1995)及水培中生菜对无机养分吸收能力的影响(肖晓玲,1999)有所报道。生菜与其他蔬菜作物相比,需要的养分较少,养分吸收量因不同种植季节、土壤肥力、种植环境(露天和保护地种植)而不同,平均每吨产量吸收的养分量(kg)为 N=1.5～3、P_2O_5=1～1.5、K_2O=4～7;中等产量水平时,总的养分吸收量(kg/hm^2)为 N=50～100、P_2O_5=30～50、K_2O=120～200;主要养分的 70%在收获前的 3～4 周已被吸收(国际肥料工业协会,1999)。戴建军和刘宏宇(2001)利用盆栽方法研究了生菜在不施肥、施化肥(二铵 300 kg/hm^2)和施生物磷肥(磷素活化剂 15 kg/hm^2)条件下的 N、P、K 养分吸收累积情况,结果为,采收期单株吸收 N、P、K 分别为(mg/株):71.233、3.449、94.455;83.891、3.979、105.626;94.394、4.936、135.608。汪建飞等(2002)研究了不同施氮水平下不同生育期生菜植株氮、磷、钾养分含量,结果显示,不论氮肥施用情况如何,随生育进程生菜体内 N、K 含量均表现为逐渐下降的趋势,而 P 没有明显规律。刘才宇等(2001)研究了秋莴笋不同营养生长时期植株各器官的发生和生长动态,以及各时期干物质累积和分配规律。马运涛等(2000)对春莴笋营养生长期的划分做了研究。田霄鸿等(1999)研究了水培营养液中氮、钾、锰、硼 4 种元素供应水平对莴笋体内某些矿质元素含量和累积量的影响,但缺乏对莴笋营养吸收动态变化规律的研究。菠菜在产量为 15～30 t/hm^2 时,需要的 N、P_2O_5、K_2O、MgO、CaO(kg/hm^2)分别为:60～100、30～50、100～230、10～20、20～30,最大吸收量(总量的 60%)出现在收获前的 2～3 周(国际肥料工业协会,1999)。

三、甘蓝类蔬菜

甘蓝在产量为 43.71 t/hm^2 时,每公顷吸收带走 N 133.50 kg、P_2O_5 34.95 kg、K_2O 152.55 kg,生产 1000 kg 商品菜,吸收 N 3.05 kg、P_2O_5 0.80 kg、K_2O 3.49 kg,N:P_2O_5:K_2O 为 1:0.26:1.14(李家康等,1997),也有报道为 N:P_2O_5:K_2O=1:0.36:1.09(程季珍等,1995)。另有研究认为,甘蓝在产量为 29 t/hm^2 时,每公顷吸收带走 N 121 kg、P_2O_5 32 kg、K_2O 106 kg(国际肥料工业协会,1999)。覆膜早甘蓝每生产 1000 kg 甘蓝,需吸收 N 3.65 kg、P 0.50 kg、K 2.10 kg,覆膜早甘蓝全生育期吸收养分的比例为 N:P:K=7.1:1:4.2(张剑国等,1995)。此外,宋国菡等(1998)采用砂培方法研究了不同钙浓度对甘蓝钙、镁、硫吸收的影响。花椰菜在产量为 21.63 t/hm^2 时,每公顷吸收带走 N 289.80 kg、P_2O_5 85.05 kg、K_2O 207.45 kg,生产 1000 kg 商品菜,吸收 N 13.40 kg、P_2O_5 3.93 kg、K_2O 9.59 kg,N:P_2O_5:K_2O 为 1:0.29:0.72(李家康等,1997)。也有研究表明,生产 1000 kg

花椰菜商品花球需吸收氮 7.7～10.8 kg、磷 3.2～4.2 kg、钾 9.3～15.0 kg（李文生，2002）。据单福成等（1993）研究，花椰菜吸收氮素最多、钾其次、磷最少，这一结果与 Cutliffe 和 Munro（1976）的研究结果一致。单福成等（1993）就植株个体研究了不同时期不同部位 N、P、K 的吸收累积规律，但缺少指导实际施肥的大田施肥参数的估算。当花椰菜产量为 37 t/hm² 时，每公顷需 N 198 kg、P_2O_5 66 kg、K_2O 295 kg，其他研究者试验结果的平均值为 N 175 kg、P_2O_5 60 kg、K_2O 200 kg（国际肥料工业协会，1999）。关于青花菜对氮、磷、钾的吸收，据报道，生产 1000 kg 青花菜需吸收氮 15.45～20.06 kg、磷 1.45～2.51 kg、钾 8.98～10.87 kg（陆宏等，1997），也有研究认为需吸收氮 31.5 kg、磷 4.92 kg、钾 30.7 kg，N∶P∶K=6.40∶1∶6.24（丁桂云，1989）。Cutliffe 和 Munro（1976）及 Magnifica 等（1979）报道，青花菜以吸收钾最多、氮次之、磷最少，而关佩聪等（1996）的研究结果认为，青花菜以吸收氮最多、钾其次、磷最少，两者的氮、钾吸收量大小顺序不同，可能是由品种、土壤和施肥等条件不同所致。青花菜对氮、磷、钾的吸收动态与其植株干物质积累动态相似，都是随着生育进程而逐渐增加（关佩聪等，1996，1991b）。

四、茄果类蔬菜

番茄在产量为 74.96 t/hm² 时，每公顷吸收 N 238.35 kg、P_2O_5 55.20 kg、K_2O 362.70 kg，生产 1000 kg 商品菜，吸收 N 3.18 kg、P_2O_5 0.74 kg、K_2O 4.83 kg，N∶P_2O_5∶K_2O 为 1∶0.23∶1.52（李家康等，1997）。另有研究报道，每生产 1000 kg 番茄，平均吸收 N 3.07 kg、P_2O_5 0.87 kg、K_2O 4.30 kg，N∶P_2O_5∶K_2O 为 1∶0.28∶1.40（苗艳芳等，2000）。吴建繁等（2000）在保护地的番茄试验结果显示，产量水平在 67 388～80 960 kg/hm² 时，分别吸收 N 177～238 kg/hm²、P_2O_5 79～97 kg/hm²、K_2O 212～309 kg/hm²，N∶P_2O_5∶K_2O 为 1∶（0.41～0.45）∶（1.20～1.30），每生产 1000 kg 番茄，平均吸收 N 2.59～2.93 kg、P_2O_5 1.20～1.17 kg、K_2O 3.82～3.15 kg，与王统正（1990）露地种植番茄的研究结果基本接近。另有研究报道，露天种植番茄产量为 40～50 t/hm² 时，每公顷需要的养分为 N 100～150 kg、P_2O_5 20～40 kg、K_2O 150～300 kg、MgO 20～30 kg；在玻璃温室用自然土栽培，产量超过 100 t/hm² 时的养分需要量为 N 200～600 kg、P_2O_5 100～200 kg、K_2O 600～1000 kg，3 种主要养分的最大吸收率出现在从开花到第一批果实成熟阶段（国际肥料工业协会，1999）。甜椒在产量为 17.99 t/hm² 时，每公顷吸收带走 N 88.35 kg、P_2O_5 21.45 kg、K_2O 108.30 kg，生产 1000 kg 商品菜，吸收 N 4.91 kg、P_2O_5 1.19 kg、K_2O 6.02 kg，N∶P_2O_5∶K_2O 为 1∶0.24∶1.23（李家康等，1997）。辣椒养分需要量因产量、生长状况和收获产品颜色不同而不同，一般每公顷需 N 180～400 kg、

P_2O_5 45~120 kg、K_2O 250~675 kg、MgO 32~50 kg、CaO 110~160 kg。另有研究表明，辣椒产量为 21 t/hm² 时，每公顷吸收带走 N 70 kg、P_2O_5 16 kg、K_2O 92 kg；从开花到第一次采果，养分吸收和植株生长都很快，养分吸收最多的时期是移栽后第 8~第 14 周，即养分最大积累量出现在第一批果收获以后（国际肥料工业协会，1999）。就茄子研究结果来看，生产 1000 kg 茄子，N、P、K 养分吸收量覆膜为 5.92 kg、0.72 kg、4.8 kg，露地为 7.06 kg、0.82 kg、5.44 kg（陆宏和张建人，1993）。据 Paterson（1989）报道，40 t 茄子果实和整株对 N、P_2O_5、K_2O 的吸收量分别为 75 kg、27 kg、108 kg 和 207 kg、46 kg、340 kg。

五、瓜类蔬菜

黄瓜在产量为 40.29 t/hm² 时，每公顷吸收带走 N 165.15 kg、P_2O_5 92.70 kg、K_2O 221.55 kg，生产 1000 kg 商品菜，吸收 N 4.10 kg、P_2O_5 2.30 kg、K_2O 5.50 kg，N：P_2O_5：K_2O 为 1：0.56：1.34（李家康等，1997）。也有研究认为，每生产 1000 kg 黄瓜需要 N 2.46 kg、P_2O_5 1.23 kg、K_2O 3.56 kg，N：P_2O_5：K_2O 为 1：0.50：1.45（苗艳芳等，2000）。

六、豆类蔬菜

豇豆在产量为 19.62 t/hm² 时，每公顷吸收带走 N 127.05 kg、P_2O_5 53.10 kg、K_2O 135.15 kg，生产 1000 kg 商品菜，吸收 N 6.48 kg、P_2O_5 2.71 kg、K_2O 6.89 kg，N：P_2O_5：K_2O 为 1：0.42：1.06（李家康等，1997）。胡嗣渊和赵先军（2002）对菜用春大豆的研究结果表明，其吸收养分的比例为 N：P：K=1：0.13：0.45，每生产 1000 kg 鲜豆荚需吸收 N 21.6 kg、P 2.7 kg、K 9.7 kg。关佩聪等（2000）研究了蔓生和矮生长豇豆的氮、磷、钾吸收特性，结果表明，蔓生类型的吸收比例为 N：P：K=（2.75~2.92）：1：（2.15~2.75），矮生类型为 N：P：K=4.49：1：4.21，蔓生类型比矮生类型的吸收量大。表 1-2 列出了豌豆对大量元素的吸收量，吸收的养分有 60% 是在籽粒里（国际肥料工业协会，1999）。菜豆在产量为 13 t/hm² 时，每公顷带走的养分量分别为 N 129 kg、P_2O_5 21 kg、K_2O 68 kg、MgO 17 kg、CaO 50 kg（国际肥料工业协会，1999）。

表 1-2 豌豆的养分吸收量

产量（t/hm²）	N（kg/hm²）	P_2O_5（kg/hm²）	K_2O（kg/hm²）	MgO（kg/hm²）	CaO（kg/hm²）
7	146	44	125	12	62
10	125	43	88	10	152

七、根菜类蔬菜

程绍义等（1994）研究了春罗 1 号的氮素吸收规律，但没有研究磷、钾素吸收规律。张淑霞和吴旭银（1998）对心里美萝卜的研究结果显示，肉质根平均产量在 65 589 kg/hm² 时，每生产 1000 kg 肉质根，植株需吸收 N 2.199 kg、P_2O_5 1.306 kg、K_2O 2.451 kg，其比例为 1∶0.59∶1.11。萝卜产量为 19 t/hm² 时，需要的养分 N 为 276 kg/hm²、P_2O_5 为 89 kg/hm²、K_2O 为 389 kg/hm²（国际肥料工业协会，1999）。有研究认为每生产 1000 kg 胡萝卜，植株需吸收 N 2.4～4.3 kg、P_2O_5 0.7～1.7 kg、K_2O 5.7～11.7 kg，其比例为 1∶0.4∶2.6（张秀，2002）。温带地区胡萝卜在产量为 30 t/hm² 时，需要的养分 N 为 90～120 kg/hm²、P_2O_5 为 30～45 kg/hm²、K_2O 为 150～300 kg/hm²；热带地区产量为 43 t/hm² 时需要的养分 N 为 126 kg/hm²、P_2O_5 为 71 kg/hm²、K_2O 为 175 kg/hm²（国际肥料工业协会，1999）。也有研究表明，胡萝卜肉质根产量一般为 50～70 t/hm²，而每生产 1000 kg 胡萝卜肉质根需要吸收 N 3.5 kg、P_2O_5 1.5 kg、K_2O 6.9 kg（陈清等，2003；杨进等，1964）。

第四节　研究目的和意义

纵观以上研究基础和背景不难发现：关于蔬菜营养吸收特性的研究多集中在常规、传统蔬菜上，对近年来引进的特菜作物，如荷兰豆、甜豌豆、西葫芦、紫甘蓝、荷兰芹、甜椒等研究较少，甚至基本处于空白状态。同时就目前研究结果来看，多数为采收期养分吸收量和含量的静态研究，缺乏不同生长期植株生长量、体内矿质营养元素含量、植株对不同营养元素吸收量动态变化的系统研究。此外，由于研究方法多采用盆栽、水培或砂培（肖斯铨等，1993），与实际作物生长条件存在差异，以及由于露地与保护地栽培形式的不同，养分吸收差异显著等（屿田永生，1982），作物吸肥参数与特定区域的施肥要求存在差距并具有局限性。就同种蔬菜而言，虽然国内外存在相关方面的零散研究，但由于土壤、气候、栽培措施等条件不同，不同学者的研究结果存在较大差异，因此仅具有一定的参考意义。

随着我国农业产业结构的调整，人民生活消费水平的提高，创汇农业和旅游业的发展，特色蔬菜的生产和研究必将成为一种趋势。而本研究示范区蔬菜种类达 20 余种，大部分蔬菜作物的营养需求规律研究几乎处于空白状态。因此，开展针对滇池流域高度集约化生产条件下不同蔬菜营养生理特性和需肥规律的实地动态监测研究，对于完善作物营养生理基础研究工作，制定科学、合理的施肥计划，提供精准化平衡施肥技术关键施肥参数等具有必要性和紧迫性。

本研究针对滇池流域内集约化蔬菜、花卉产业基地之一呈贡县大渔乡所栽种的主要蔬菜、花卉作物，通过田间调查，研究其全生育期养分吸收规律，阐明在该地区主要种植制度和轮作模式下，氮磷养分的利用状况、循环规律及其经济和环境效应，为精准化平衡施肥提供各种作物不同生育期氮磷钾养分吸收量、吸收比例等基础生理参数，使肥料施用的量、时间和方式及不同生育时期的肥料分配比例等与作物的营养特性和需肥规律相协调，为蔬菜科学合理施肥提供理论依据和技术支撑，最终达到减少施肥量、平衡施肥比例、实现农田养分管理和控制滇池流域面源污染的目的，以便更好地服务于全市蔬菜生产和优质出口型蔬菜产业发展。

第二章　滇池流域农田土壤养分与施肥量

第一节　农田土壤养分含量与丰缺状况

土壤养分调查结果表明，本研究示范区耕层土壤（0～30 cm）各种养分均较丰富，土壤肥力较高。其中，土壤有机质含量在 16.7～54.5 g/kg，平均为 32.9 g/kg；全氮含量平均为 1.9 g/kg；速效氮、速效磷、速效钾变异较大，变幅分别为 54.1～326.4 mg/kg、16.8～287.0 mg/kg、59.5～607.0 mg/kg，平均分别为 136.9 mg/kg、72.5 mg/kg、154.7 mg/kg；土壤 pH 在 5.2～7.8（表 2-1）。

表 2-1　示范区土壤基础养分状况

项目	有机质（g/kg）	全氮（g/kg）	速效氮（mg/kg）	速效磷（mg/kg）	速效钾（mg/kg）	pH
平均值	32.9	1.9	136.9	72.5	154.7	6.8
变幅	16.7～54.5	1.0～3.2	54.1～326.4	16.8～287.0	59.5～607.0	5.2～7.8
标准差	0.66	0.04	32.3	45.2	79.6	0.56
变异系数（%）	20.0	21.4	23.6	62.3	51.5	8.2

除有效硼以外，示范区土壤微量元素都比较丰富，各种微量元素的有效含量如表 2-2 所示。土壤微量元素测定结果变异较大，有效锌、有效硼和有效硫的变异系数都高于 100%，说明地块之间微量元素含量差异很大（表 2-2）。

表 2-2　示范区土壤微量元素养分状况　　　　（单位：mg/kg）

项目	有效铁	有效锰	有效铜	有效锌	有效硼	有效硫
平均值	76.8	66.38	17.80	6.37	0.36	147.09
变幅	20.8～323.6	26.8～168.6	9.6～36.7	2.3～28.7	0.15～2.27	45～1263
标准差	63.99	31.19	7.48	7.92	0.46	223.84
变异系数（%）	83.5	47.0	42.0	124.4	127.0	152.2

根据全国第二次土壤普查提出的土壤养分丰缺分级标准（表 2-3 和表 2-4），示范区土壤有机质平均含量属于高，大部分土壤有机质基本上分布在适宜到高的范围内；土壤速效氮的平均值为 136.9 mg/kg，也属于高；土壤速效磷则属于极高范围，平均值为 72.5 mg/kg，远远超过了极高范围的下限 40 mg/kg；土壤速效钾平均含量为 154.7 mg/kg，属于高。

注：书中数据均以原始数据计算所得，非表中数据计算得来，与计算结果略有差别，但不影响规律、趋势的变化和读者理解

表 2-3 全国第二次土壤普查养分含量分级表

级别	有机质（g/kg）	碱解氮（mg/kg）	速效磷（mg/kg）	速效钾（mg/kg）
极高	>40	>150	>40	>200
高	30～40	120～150	20～39	150～199
适宜	20～30	90～119	10～19	100～149
偏低	10～20	60～89	5～9	50～99
低	6～10	30～59	3～4	30～49
极低	<6	<30	<3	<30

注：本表中的速效磷为 P_2O_5，速效钾为 K_2O

表 2-4 全国第二次土壤普查微量元素分级表 （单位：mg/kg）

分级	硼	钼	锰	锌	铜	铁
很丰	>2.0	>0.3	>30	>3.0	>1.8	>20
丰	1.1～2.0	0.21～0.3	16～30	1.1～3.0	1.1～1.8	11～20
适中	0.51～1.0	0.16～0.2	5.1～15	0.51～1.0	0.21～1.0	4.6～10
缺	0.21～0.5	0.11～0.15	1.1～5.0	0.31～0.5	0.11～0.2	2.6～4.5
很缺	<0.2	<0.1	<1.0	<0.3	<0.1	<2.5

示范区土壤微量元素中有效铁、有效锰、有效铜和有效锌含量均高于很丰的上限，说明示范区土壤中不缺乏这些微量元素。但土壤有效硼含量较低，平均只有 0.36 mg/kg，属于缺乏的范围，在生产中需要补充硼。

按照土壤养分含量分级标准，坝区农田产业基地大部分地区氮、磷、钾及中微量元素的有效含量大多属于中上等水平，这与示范区肥料过量施用、养分盈余较多有关。

第二节 农田化肥施用量和肥料利用率

一、农田氮磷化肥施用量调查

大渔乡是呈贡县蔬菜、花卉的主要生产区之一，为提高农作物及花卉的产量，农民在生产过程中过量施用氮、磷化肥现象非常普遍，农田氮磷流失已成为滇池水体污染的重要原因之一。农田化肥施用量是本研究（开展时间为 2000～2004 年）的调查监测项目之一。

本研究示范区面积为 12.5 km²，其中农田氮磷化肥施用量调查范围包括新村、大渔、大河、月角、小海晏 5 个村的产业基地，包括农户 3236 户，人口 25 360 人。

(一) 调查方法

1. 示范区农田施肥情况普查

根据各村蔬菜、花卉的种类和种植面积，于 2000 年 5~11 月采用随机抽样、问卷调查的方式对示范区 316 个作物样本进行现场调查，调查面积 209 亩。其中，蔬菜样本 267 个，种植面积 156.5 亩，占全乡种植面积的 0.9%；花卉样本 49 个，种植面积 52.5 亩，占全乡种植面积的 3.2%。调查内容包括作物种类、肥料种类、肥料施用量等。

2. 定点农户习惯施肥情况跟踪调查

在全面调查示范区农田施肥情况的基础上，于 2000 年 12 月至 2001 年 12 月对新村、大渔、大河、月角 4 个村 100 余个典型农户的习惯施肥情况进行全年跟踪调查，农户的选择包括村干部、农技人员、种植能手、普通农户。在乡镇农科站的配合下，对示范区蔬菜花卉的种类、种植面积进行调查。

3. 土壤养分状况分析

结合施肥调查，在大渔、新村、月角、大河 4 个村的辖区采集农田土壤样本 34 个，分析土壤 pH 及全氮、全磷含量。

(二) 调查结果分析

1. 示范区蔬菜、花卉种植面积

调查结果显示，2000 年大渔乡蔬菜种植面积 17 682 亩，花卉种植面积 1624.5 亩（表 2-5）。示范区 5 个村蔬菜种植面积共计 8232 亩，花卉 1549 亩，分别占全乡蔬菜、花卉种植面积的 46.6% 和 95.4%。可见，蔬菜、花卉种植在全乡种植业中占据主导地位，且主要集中在示范区。

表 2-5 示范区及全乡蔬菜、花卉种植统计表 （单位：亩）

地点	蔬菜	花卉
新村	1 700	550
大河	1 034	800
大渔	2 054	12
月角	2 464	117
小海晏	980	70
示范区	8 232	1 549
全乡	17 682	1 624.5

2000年大渔乡种植蔬菜种类接近30种，其中播种面积超过100亩的有15种（表2-6），占全部蔬菜播种面积的92.5%；超过1000亩的有7种，占全部蔬菜播种面积的74.2%，分别为白菜、青花菜、甘蓝、尖椒、生菜、西芹、胡萝卜。

表2-6　大渔乡主要蔬菜播种面积统计

蔬菜种类	播种面积（亩）	所占比例（%）
白菜	2 461	13.9
青花菜	2 100	11.9
甘蓝	2 091	11.8
尖椒	1 816	10.3
生菜	1 780	10.1
西芹	1 749	9.9
胡萝卜	1 123	6.3
花椰菜	721	4.1
甜豌豆	594	3.4
大葱	518	2.9
菠菜	490	2.8
豌豆尖	375	2.1
番茄	216	1.2
萝卜	175	1.0
荷兰豆	154	0.9
其他	1 319	7.5
合计	17 682	100

2000年示范区花卉种类较为单一，共有13种，播种面积共计1624.5亩。康乃馨最多，达997亩，占61.4%；其次为玫瑰，占18.0%，勿忘我也达到9.6%，其他花卉种植面积很少，总计6.4%（表2-7）。

表2-7　2000年大渔乡花卉种植情况

花卉种类	播种面积（亩）	所占比例（%）
康乃馨	997	61.4
玫瑰	292	18.0
勿忘我	156	9.6
满天星	55	3.4
情人草	20	1.2
其他	104.5	6.4
合计	1624.5	100

2. 示范区蔬菜、花卉氮磷化肥用量

（1）蔬菜、花卉调查样本的构成特点分析

示范区共计调查 267 个蔬菜样本，蔬菜品种共计 19 个，调查面积 156.5 亩，占 2000 年全乡蔬菜种植面积的 0.9%。其中，白菜、尖椒、生菜、西芹、青花菜、甘蓝 6 种蔬菜调查样本最多，共计 190 个，占全部样本的 71.2%，且调查面积均超过 10 亩，占全部样本面积的 74.6%。蔬菜样本的组成与 2000 年大渔乡蔬菜结构基本吻合。

花卉共计调查 49 个样本，种植面积 52.22 亩，占 2000 年大渔乡花卉种植面积的 3.2%。其中康乃馨样本 23 个，种植面积 29.5 亩，占花卉调查面积的 56.2%；玫瑰样本 13 个，种植面积 14.2 亩，占 27.0%；勿忘我、满天星和情人草的样本数分别为 5 个、4 个和 4 个，种植面积分别为 3.52 亩、3.0 亩和 2.0 亩，分别占 6.7%、5.7% 和 3.8%。花卉样本的组成与 2000 年大渔乡花卉种植结构相同。

依据上述统计分析可知，蔬菜、花卉调查样本可以反映示范区蔬菜、花卉的种植特点。

（2）蔬菜、花卉氮磷化肥用量分析——普查结果

2000 年示范区化肥用量调查结果表明（表 2-8），蔬菜作物氮化肥（N，以播种面积计）平均用量为 49.02 kg/亩，磷化肥（P_2O_5）平均用量为 26.77 kg/亩。

表 2-8　示范区蔬菜氮、磷化肥用量调查结果

蔬菜种类	样本数（个）	调查面积（亩）	调查样本总用量（kg）		平均用量（kg/亩）	
			N	P_2O_5	N	P_2O_5
西芹	39	21.80	1474.49	1042.38	67.64	47.82
尖椒	28	21.6	1216.26	696.93	56.31	32.27
甘蓝	22	13.56	718.35	233.69	52.98	17.23
生菜	51	26.95	1395.72	755.98	51.79	28.05
青花菜	19	12.58	623.61	240.05	49.57	19.08
白菜	31	20.19	966.90	411.07	47.89	20.36
甜豌豆	12	6.80	193.20	139.78	28.41	20.56
香瓜	10	5.56	139.37	40.15	25.07	7.22
菠菜	18	9.26	226.08	127.70	24.41	13.79
胡萝卜	8	5.00	107.65	77.80	21.53	15.56
其他	29	13.20	609.23	424.63	46.15	32.17
合计/平均	267	156.5	7670.86	4190.76	49.02	26.77

注：其他的 29 个样本包括 4 个豌豆尖、5 个番茄、5 个豆角、3 个大葱、3 个黄瓜、1 个刀豆、2 个青笋、5 个油菜、1 个茄子；采用加权平均法计算亩施用量

各种蔬菜中，西芹氮、磷化肥用量最高，其中氮肥为 67.64 kg/亩，磷肥为 47.82 kg/亩。对 39 个西芹样本氮肥用量分析表明，仅有 4 个样本氮肥用量低于 20 kg/亩，占 10%；9 个样本氮肥用量在 60~80 kg/亩，占 23%；有 7 个样本氮肥用量超过 80 kg/亩，占 18%（图 2-1）。有 2 个西芹样本磷肥用量低于 10 kg/亩，占 5%；4 个样本磷肥用量在 30~40 kg/亩，占 10%；17 个样本磷肥用量超过 40 kg/亩，占 44%（图 2-2）。

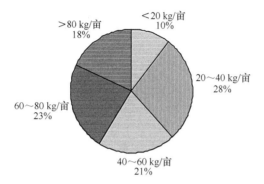

图 2-1　西芹氮肥用量的频率分布（n=39）

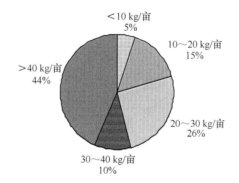

图 2-2　西芹磷肥用量的频率分布（n=39）

青花菜氮肥用量相对较高，平均为 49.57 kg/亩，19 个样本中有 9 个样本氮肥用量为 40~60 kg/亩，占 47%（图 2-3）。磷肥用量中等，平均为 19.08 kg/亩，9 个样本磷肥用量低于 10 kg/亩，占 47%；有 1 个样本磷肥用量在 30~40 kg/亩，占 5%（图 2-4）。

尖椒氮肥用量仅次于西芹，平均为 56.31 kg/亩，28 个样本中有 9 个样本氮肥用量在 60~80 kg/亩，占 32%；有 9 个样本氮肥用量在 20~40 kg/亩，占 32%（图 2-5）。磷肥用量也仅次于西芹，平均为 32.27 kg/亩，有 5 个样本磷肥用量在 30~40 kg/亩，占 18%；有 6 个样本磷肥用量超过 40 kg/亩，占 21%（图 2-6）。

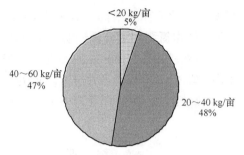

图 2-3 青花菜氮肥用量的频率分布（$n=19$）

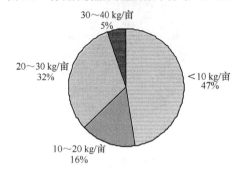

图 2-4 青花菜磷肥用量的频率分布（$n=19$）

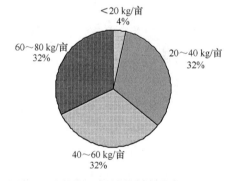

图 2-5 尖椒氮肥用量的频率分布（$n=28$）

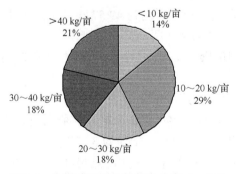

图 2-6 尖椒磷肥用量的频率分布（$n=28$）

生菜氮肥用量平均为 51.79 kg/亩，51 个样本中有 18 个样本氮肥用量在 20～40 kg/亩，占 35%；有 22 个样本氮肥用量在 40～60 kg/亩，占 43%；7 个样本氮肥用量为 60～80 kg/亩，占 14%；仅有 4 个样本氮肥用量不足 20 kg/亩，占 8%（图 2-7）。生菜磷肥用量平均为 28.05 kg/亩，51 个样本中有 11 个样本磷肥用量不足 10 kg/亩，占 22%；有 9 个样本磷肥用量超过 40 kg/亩，占 18%（图 2-8）。

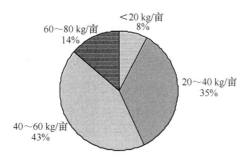

图 2-7　生菜氮肥用量的频率分布（*n*=51）

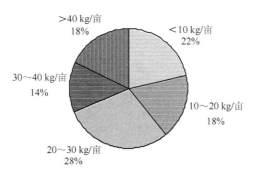

图 2-8　生菜磷肥用量的频率分布（*n*=51）

甘蓝氮肥用量平均为 52.98 kg/亩，22 个样本中有 2 个样本氮肥用量低于 20 kg/亩，占 9%；有 5 个样本氮肥用量超过 60 kg/亩，占 23%（图 2-9）。甘蓝磷肥用量相对较低，平均为 17.23 kg/亩，22 个样本中仅有 3 个样本磷肥用量超过 30 kg/亩，占 14%；有 7 个样本磷肥用量不足 10 kg/亩，占 32%（图 2-10）。

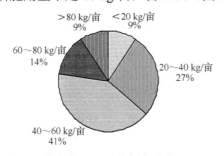

图 2-9　甘蓝氮肥用量的频率分布（*n*=22）

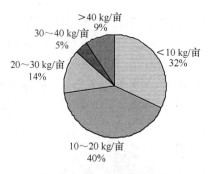

图 2-10　甘蓝磷肥用量的频率分布（$n=22$）

六大蔬菜作物中，白菜氮肥用量最低，但也达到 47.89 kg/亩，31 个样本中有 3 个样本氮肥用量低于 20 kg/亩，占 10%；有 17 个样本氮肥用量在 20~40 kg/亩，占 55%；仅有 5 个样本超过 60 kg/亩，占 16%（图 2-11）。白菜磷肥用量平均为 20.36 kg/亩，31 个样本中有 10 个样本磷肥用量不足 10 kg/亩，占 32%；有 11 个样本磷肥用量在 10~20 kg/亩，占 36%；有 6 个样本磷肥用量超过 30 kg/亩，占 19%（图 2-12）。

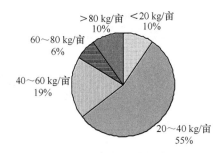

图 2-11　白菜氮肥用量的频率分布（$n=31$）

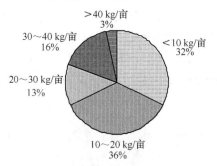

图 2-12　白菜磷肥用量的频率分布（$n=31$）

菠菜、甜豌豆、香瓜和胡萝卜的氮、磷化肥用量均较低。其中，氮肥用量均不超过 30 kg/亩，胡萝卜最低，为 21.53 kg/亩；磷肥用量以香瓜最低，仅为 7.22 kg/亩。豌豆尖、番茄、豆角、大葱、黄瓜、刀豆、青笋、油菜和茄子 9 种蔬菜作物的调查样本均不超过 5 个，氮肥用量平均为 46.2 kg/亩，磷肥用量平均为 32.2 kg/亩。

示范区花卉作物氮化肥（N，以种植面积计）平均用量为 109.6 kg/亩，磷化肥（P_2O_5）平均用量为 68.07kg/亩（表 2-9）。

表 2-9 示范区花卉氮、磷化肥用量调查结果

花卉种类	样本数（个）	调查面积（亩）	调查样本总用量 (kg)		平均用量 (kg/亩)	
			N	P_2O_5	N	P_2O_5
康乃馨	23	29.50	2485.7	2083.7	105.3	88.3
玫瑰	13	14.20	1289.9	893.7	113.5	78.7
勿忘我	5	3.52	259.5	192.2	92.3	68.3
满天星	4	3.00	251.5	178.0	104.8	74.1
情人草	4	2.27	318.1	124.7	175.2	68.7
合计/平均	49	52.49	4604.8	3472.3	109.6	68.07

注：采用加权平均法计算亩施用量

示范区各类花卉中，康乃馨种植面积最大，调查样本也最多。统计表明，康乃馨的氮肥用量平均为 105.3 kg/亩，23 个样本中仅有 4 个样本氮肥用量低于 60 kg/亩，占 17%；10 个样本氮肥用量在 60～90 kg/亩，占 44%；6 个样本氮肥用量在 90～120 kg/亩，占 26%；3 个样本氮肥用量超过 120 kg/亩，占 13%（图 2-13）。康乃馨磷肥用量平均为 88.3 kg/亩，5 个样本磷肥用量低于 30 kg/亩，占 22%；3 个样本磷肥用量在 30～60 kg/亩，占 13%；8 个样本磷肥用量在 60～90 kg/亩，占 35%；3 个样本磷肥用量在 90～120 kg/亩，占 13%；4 个样本磷肥用量超过 120 kg/亩，占 17%（图 2-14）。

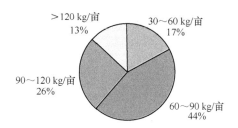

图 2-13 康乃馨氮肥用量的频率分布（$n=23$）

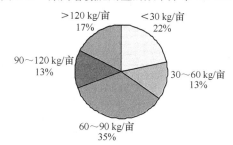

图 2-14 康乃馨磷肥用量的频率分布（$n=23$）

玫瑰氮肥用量平均为 113.5 kg/亩，13 个样本中有 2 个样本氮肥用量在 30~60 kg/亩，占 15%；3 个样本氮肥用量在 60~90 kg/亩，占 23%；7 个样本氮肥用量在 90~120 kg/亩，占 54%。磷肥用量平均为 78.7 kg/亩，13 个样本中 3 个样本磷肥用量小于 30 kg/亩，占 23%；4 个样本磷肥用量在 30~60 kg/亩，占 31%；有 6 个样本磷肥用量在 60~90 kg/亩，占 46%。

勿忘我、满天星、情人草的调查样本较少，氮肥用量分别为 92.3 kg/亩、104.8 kg/亩、175.2 kg/亩；磷肥用量分别为 68.3 kg/亩、74.1 kg/亩、68.7 kg/亩。

（3）蔬菜、花卉氮磷化肥用量分析——典型农户调查结果

2001 年，在随机抽样调查的基础上，在示范区新村、大渔、月角、大河 4 个村进行定户定地块的蔬菜、花卉施肥跟踪调查，调查时间为一年，调查户数为 100 余户。调查结果显示：蔬菜氮肥用量平均为 44.5 kg/亩，磷肥用量平均为 29.65 kg/亩。典型农户蔬菜氮、磷化肥平均用量与普查结果基本相同，氮、磷化肥平均用量相对误差分别为 4.8%和 5.1%。生菜、西芹、尖椒、甘蓝、白菜 5 种主要蔬菜的氮磷化肥用量较普查结果略微偏低（表 2-10）。

表 2-10　示范区典型农户蔬菜氮磷化肥用量调查结果

蔬菜	样本数（个）	调查面积（亩）	调查样本总用量（kg）		平均用量（kg/亩）	
			N	P_2O_5	N	P_2O_5
西芹	60	32.8	1802.35	1515.40	55.0	46.2
尖椒	30	23.6	1048.72	839.60	44.5	35.6
青花菜	6	3.1	163.51	66.04	52.4	21.2
生菜	35	23.0	887.32	490.54	38.6	21.4
花椰菜	10	6.2	272.94	90.90	43.7	14.6
白菜	13	7.9	320.42	112.80	40.5	14.2
甘蓝	16	7.8	357.30	193.41	45.8	24.8
其他	26	11.6	305.04	131.08	23.0	9.2
合计/平均	196	116	5157.60	3439.77	44.5	29.65

注：其他的 26 个样本包括 5 个豌豆尖、1 个黄瓜、4 个香瓜、2 个刀豆、7 个菠菜、2 个番茄、1 个茄子、4 个胡萝卜

典型农户调查中，花卉氮、磷化肥平均用量分别为 62.4 kg/亩和 56.05 kg/亩，氮肥用量比普查结果低 1/3 以上，磷肥用量比普查结果低 12.02 kg/亩（表 2-11）。

表 2-11　示范区典型农户花卉习惯施肥跟踪调查结果

地点	样本数（个）	调查面积（亩）	调查样本总用量（kg）		平均用量（kg/亩）	
			N	P_2O_5	N	P_2O_5
康乃馨	23	15.13	1007.54	842.95	66.7	55.7
玫瑰	10	7.43	398.54	421.62	53.6	56.7
合计/平均	33	22.56	1406.08	1264.57	62.4	56.05

康乃馨氮、磷化肥用量分别为 66.7 kg/亩和 55.7 kg/亩，与普查结果氮肥用量 109.6 kg/亩、磷肥用量 88.3 kg/亩相比偏低。典型农户的玫瑰施氮量为 53.6 kg/亩，施磷量为 56.7 kg/亩，也低于普查结果。分析原因主要为由定户调查样本所得基本上是 6～7 个月的施肥量。

3. 大渔乡示范区土壤氮、磷含量调查

在示范区内随机布设土壤采样点 34 个，采样深度为 0～20cm，采用 GPS 定位。其中大渔村布设采样点 8 个，新村 8 个，太平关 11 个，大河口 7 个。全年采样两次，即冬春季和夏秋季各采一次，测定结果见表 2-12 和表 2-13，分表见表 2-14～表 2-21。

表 2-12 示范区农田土壤氮含量监测结果汇总表

地点	冬春季		夏秋季	
	范围（%）	均值（%）	范围（%）	均值（%）
大渔	0.098～0.239	0.190	0.165～0.267	0.188
新村	0.167～0.242	0.195	0.153～0.247	0.205
太平关	0.084～0.282	0.201	0.167～0.252	0.207
大河口	0.147～0.236	0.187	0.123～0.242	0.206
总体水平	0.084～0.282	0.193	0.123～0.267	0.202

表 2-13 示范区农田土壤磷含量监测结果汇总表

地点	冬春季		夏秋季	
	范围（%）	均值（%）	范围（%）	均值（%）
大渔	0.232～0.440	0.312	0.267～0.410	0.309
新村	0.143～0.226	0.172	0.155～0.283	0.231
太平关	0.117～0.271	0.186	0.182～0.374	0.249
大河口	0.155～0.327	0.220	0.188～0.270	0.219
总体水平	0.117～0.440	0.223	0.155～0.410	0.252

表 2-14 大渔乡示范区大渔冬春季土壤 pH、氮、磷含量测定结果

样点编号	经度	纬度	土壤 pH	土壤含氮量（%）	土壤含磷量（%）
Y1	E102°46′79″	N24°49′32″	6.74	0.098	0.232
Y2	E102°46′61″	N24°49′29″	6.96	0.165	0.331
Y3	E102°46′77″	N24°49′22″	6.87	0.239	0.426
Y4	E102°46′78″	N24°49′12″	7.06	0.238	0.282
Y5	E102°46′85″	N24°49′47″	7.38	0.212	0.440
Y7	E102°47′57″	N24°49′27″	6.55	0.179	0.249
Y8	E102°47′62″	N24°49′35″	7.02	0.210	0.251
Y9	E102°46′33″	N24°49′23″	7.04	0.180	0.286
平均值				0.190	0.312

注：表 2-14～表 2-21 是不同时期采样位点，经纬度略有不同

表 2-15 大渔乡示范区新村冬春季土壤 pH、氮、磷含量测定结果

样点编号	经度	纬度	土壤 pH	土壤含氮量（%）	土壤含磷量（%）
X1	E102°47′22″	N24°50′47″	7.05	0.242	0.149
X2	E102°47′16″	N24°50′38″	7.06	0.167	0.148
X3	E102°47′10″	N24°50′50″	7.05	0.186	0.143
X4	E102°46′82″	N24°50′67″	7.16	0.188	0.178
X5	E102°46′80″	N24°50′64″	7.19	0.192	0.158
X6	E102°46′66″	N24°50′48″	6.74	0.205	0.181
X7	E102°46′59″	N24°50′42″	5.82	0.193	0.190
X8	E102°46′97″	N24°50′24″	5.77	0.185	0.226
		平均值		0.195	0.172

表 2-16 大渔乡示范区太平关冬春季土壤 pH、氮、磷含量测定结果

样点编号	经度	纬度	土壤 pH	土壤含氮量（%）	土壤含磷量（%）
T1	E102°47′36″	N24°50′16″	6.89	0.215	0.147
T2	E102°47′84″	N24°50′07″	5.94	0.203	0.158
T3	E102°48′05″	N24°50′15″	5.66	0.230	0.253
T4	E102°47′41″	N24°49′80″	6.22	0.230	0.223
T5	E102°47′43″	N24°49′67″	6.32	0.282	0.271
T6	E102°47′33″	N24°49′62″	6.17	0.167	0.148
T7	E102°47′47″	N24°49′42″	6.14	0.198	0.172
T8	E102°48′27″	N24°49′82″	6.34	0.084	0.117
T9	E102°47′84″	N24°49′41″	6.38	0.169	0.203
T10	E102°48′28″	N24°49′68″	6.14	0.169	0.177
T11	E102°48′00″	N24°49′42″	6.28	0.179	0.228
		平均值		0.201	0.186

表 2-17 大渔乡示范区大河口冬春季土壤 pH、氮、磷含量测定结果

样点编号	经度	纬度	土壤 pH	土壤含氮量（%）	土壤含磷量（%）
H2	E102°46′73″	N24°49′83″	6.35	0.236	0.233
H3	E102°46′32″	N24°49′76″	6.53	0.173	0.155
H4	E102°46′74″	N24°49′75″	5.98	0.199	0.192
H6	E102°46′69″	N24°49′71″	6.26	0.181	0.205
H8	E102°46′33″	N24°49′74″	5.98	0.212	0.238
H9	E102°46′20″	N24°49′60″	6.17	0.160	0.191
H10	E102°46′12″	N24°49′23″	6.84	0.147	0.327
		平均值		0.187	0.220

表 2-18　大渔乡示范区大渔夏秋季土壤 pH、氮、磷含量测定结果

样点编号	经度	纬度	土壤 pH	土壤含氮量（%）	土壤含磷量（%）
Y1	E102°46′79″	N24°49′32″	6.74	0.182	0.338
Y2	E102°46′61″	N24°49′30″	6.96	0.165	0.308
Y3	E102°46′78″	N24°49′22″	6.87	0.267	0.348
Y4	E102°46′84″	N24°49′07″	7.06	0.258	0.379
Y5	E102°46′68″	N24°49′88″	7.38	0.207	0.410
Y7	E102°47′52″	N24°49′27″	6.55	0.172	0.267
Y8	E102°47′62″	N24°49′34″	7.02	0.222	0.351
Y9	E102°46′33″	N24°49′23″	7.04	0.218	0.381
		平均值		0.188	0.309

表 2-19　大渔乡示范区新村夏秋季土壤 pH、氮、磷含量测定结果

样点编号	经度	纬度	土壤 pH	土壤含氮量（%）	土壤含磷量（%）
X1	E102°47′22″	N24°50′47″	7.05	0.153	0.155
X2	E102°47′16″	N24°50′38″	7.06	0.247	0.283
X3	E102°47′11″	N24°50′50″	7.05	0.182	0.266
X4	E102°46′82″	N24°50′67″	7.16	0.188	0.178
X5	E102°46′80″	N24°50′63″	7.19	0.225	0.222
X6	E102°46′66″	N24°50′48″	6.74	0.181	0.200
X7	E102°46′60″	N24°50′42″	5.82	0.235	0.258
X8	E102°46′97″	N24°50′25″	5.77	0.194	0.255
		平均值		0.205	0.231

表 2-20　大渔乡示范区太平关夏秋季土壤 pH、氮、磷含量测定结果

样点编号	经度	纬度	土壤 pH	土壤含氮量（%）	土壤含磷量（%）
T1	E102°47′35″	N24°50′16″	6.89	0.167	0.374
T2	E102°47′84″	N24°50′07″	5.94	0.252	0.234
T3	E102°48′06″	N24°50′15″	5.66	0.182	0.196
T4	E102°47′01″	N24°49′42″	6.22	0.209	0.229
T5	E102°47′43″	N24°49′67″	6.32	0.218	0.234
T6	E102°47′33″	N24°49′61″	6.17	0.199	0.242
T7	E102°47′47″	N24°49′43″	6.14	0.251	0.282
T8	E102°48′27″	N24°49′82″	6.34	0.193	0.182
T9	E102°48′02″	N24°49′37″	6.38	0.244	0.308
T10	E102°48′28″	N24°49′68″	6.14	0.167	0.191
T11	E102°47′86″	N24°49′41″	6.28	0.200	0.264
		平均值		0.207	0.249

表 2-21　大渔乡示范区大河口夏秋季土壤 pH、氮、磷含量测定结果

样点编号	经度	纬度	土壤 pH	土壤含氮量(%)	土壤含磷量(%)
H2	E102°46′73″	N24°49′83″	6.35	0.242	0.220
H3	E102°46′33″	N24°49′75″	6.53	0.178	0.201
H4	E102°46′74″	N24°49′76″	5.98	0.241	0.188
H6	E102°46′69″	N24°49′70″	6.26	0.123	0.270
H8	E102°46′32″	N24°49′74″	5.98	0.218	0.202
H9	E102°46′20″	N24°49′60″	6.17	0.204	0.234
H10	E102°46′12″	N24°49′23″	6.84	0.233	0.234
平均值				0.206	0.219

调查结果表明，示范区土壤冬春季氮含量总体水平为 0.084%～0.282%，平均为 0.193%；夏秋季氮含量总体水平为 0.123%～0.267%，平均为 0.202%。各示范村之间以及冬春季与夏秋季之间土壤氮含量相差不大。其中，大渔冬春季和夏秋季土壤平均氮含量分别为 0.190%和 0.188%；新村分别为 0.195%和 0.205%；太平关分别为 0.201%和 0.207%；大河口分别为 0.187%和 0.206%。

示范区冬春季土壤磷含量总体水平为 0.117%～0.440%，平均为 0.223%；夏秋季磷含量总体水平为 0.155%～0.410%，平均为 0.252%。4 个示范村土壤磷含量差异较大。大渔土壤平均磷含量最高，冬春季为 0.312%，夏秋季为 0.309%；新村最低，冬春季为 0.172%，夏秋季为 0.231%。

（三）调查总结

1）267 个蔬菜样本调查结果表明，2000 年大渔乡示范区蔬菜氮肥用量（以播种面积计）平均为 49.02 kg/亩，磷肥用量为 26.77 kg/亩。2000 年全乡蔬菜播种面积为 17 682 亩，蔬菜氮肥施用总量为 866 772 kg，磷肥施用总量为 473 347 kg。49 个花卉样本调查结果表明，花卉氮肥用量（以种植面积计）平均为 109.6 kg/亩，磷肥用量为 68.07 kg/亩，2000 年全乡花卉种植面积为 1624.5 亩，花卉氮肥施用总量为 178 100 kg，磷肥施用总量为 110 613 kg。

2）氮、磷化肥用量普查结果表明，示范区 6 种主要蔬菜作物中，西芹氮肥用量最高，为 67.64 kg/亩，白菜氮肥用量最低，为 47.89 kg/亩。磷肥用量也以西芹最高，为 47.82 kg/亩，甘蓝最低，为 17.23 kg/亩。2 种主要花卉作物中，康乃馨氮、磷化肥用量分别为 105.3 kg/亩和 88.3 kg/亩，玫瑰分别为 113.5 kg/亩和 78.8 kg/亩。

3）典型农户蔬菜氮、磷化肥调查结果与示范区普查结果基本相当，相对误差≤5.1%。蔬菜氮肥用量平均为 44.5 kg/亩，磷肥用量平均为 29.65 kg/亩；花卉氮肥用量平均为 62.4 kg/亩，磷肥用量平均为 56.05 kg/亩，较普查结果偏低 1/3 以上，原因主要为由定户调查样本所得基本上是 6～7 个月的施肥量。

4）示范区 4 个村的农田土壤氮含量基本相当，其中冬春季平均为 0.193%，夏秋季平均为 0.202%。

5）示范区 4 个村的冬春季土壤磷含量平均为 0.223%，夏秋季平均为 0.252%。4 个示范村中，大渔土壤磷含量最高，冬春季平均为 0.312%，夏秋季平均为 0.309%；新村土壤磷含量最低，冬春季平均为 0.172%，夏秋季平均为 0.231%。

（四）存在问题及建议

示范区农田蔬菜、花卉的化肥施用量受多种因素的影响，如农户种植技能、文化水平、经济条件以及有机肥的施用、作物生长条件（水分、光照、温度、病害）、种植结构改变、市场经济等因素均会对化肥施用量产生影响。

二、主要蔬菜化肥施用情况及利用率

（一）主要蔬菜化肥施用情况

表 2-22 列出了该区域一些主要蔬菜的氮、磷、钾化肥施用量，可以看出，该区域主要蔬菜化肥施用情况为，西芹的氮、磷、钾施用量最高，N、P_2O_5、K_2O 分别为 1098 kg/hm²、823.5 kg/hm²、363 kg/hm²。各种蔬菜 N、P_2O_5、K_2O 平均用量为 720 kg/hm²、380 kg/hm²、145 kg/hm²，N、P_2O_5、K_2O 投入比例为 1∶0.5∶0.2。各种蔬菜之间氮磷钾投入量差异很大，不同的农户之间氮磷钾投入量差异也很大，最高可达 10 倍以上。

表 2-22 蔬菜氮、磷、钾化肥用量情况

蔬菜	样本数	平均用量（kg/hm²）			N∶P_2O_5∶K_2O
		N	P_2O_5	K_2O	
西芹	45	1098	823.5	363	1∶0.8∶0.3
花椰菜	25	959	340.5	106.5	1∶0.4∶0.1
尖椒	33	926	528	222	1∶0.6∶0.2
生菜	56	869	411	157.2	1∶0.5∶0.2
甘蓝	22	795	258	145.05	1∶0.3∶0.2
白菜	31	717	306	53.7	1∶0.4∶0.1
豌豆尖	12	426	309	72	1∶0.7∶0.2
菠菜	18	366	207	93	1∶0.6∶0.3
胡萝卜	8	323	234	96	1∶0.7∶0.3
合计/平均	250	720	380	145	1∶0.5∶0.2

(二) 主要蔬菜化肥施用存在问题的分析

1) 氮、磷投入严重过量，钾肥投入相对不足。在本区域试验研究中，尖椒习惯施氮量是其吸收量的 10 倍，磷是 21.9 倍，钾处于盈余状态。西芹习惯施氮量是其吸收量的 5 倍，磷是 10 倍，钾处于亏缺状态。

2) 氮肥的供应与蔬菜作物的吸收规律不匹配，该区域氮肥 30%~50%作为底肥施用，底肥施用过多，而后期氮肥供应比例和用量相对较小。

3) 频繁灌溉和以水带肥增加了氮肥的淋失，本区域蔬菜种植区集中在灌溉条件较好或近水区域，由于用水成本低廉，灌水的随意性较大。

4) 忽视有机肥养分和环境养分对蔬菜养分的贡献，该区域种植蔬菜有大量施用有机肥的习惯，最高可达 225 m^3/hm^2，有机肥含有大量氮、磷、钾养分，甚至仅有机肥投入的养分就足以满足作物的氮、磷、钾养分需求。然而，蔬菜生产者往往仅把有机肥当作培肥的物料，忽视有机肥的养分供应能力，在大量施用有机肥的基础上，仍然施用大量化肥。另外，通过大气沉降、灌溉、生物固氮等方式进入菜田的养分量也是相当大的，这些养分也很少被考虑进养分的供应之中，这样就大大高估了蔬菜对氮、磷、钾养分的实际需要量，助推了氮、磷过量投入的错误施肥方式。

(三) 主要蔬菜生产中化肥利用率现状及其成因分析

从西芹氮、磷肥利用率的试验结果中可以看出（表 2-23），不同处理的氮、磷肥利用率都很低，最高为氮、磷用量为习惯施用量约 1/4 的处理，氮肥为 15.10%，磷肥为 4.93%，我国肥料平均利用率氮肥为 30%~35%，磷肥为 10%~25%，本试验结果相当于全国氮、磷肥利用率的一半左右。调查的习惯施肥量处理氮、磷肥利用率处于很低的水平，氮肥的利用率为 4.30%，磷肥的利用率为 1.10%，这主要是由于菜田长期大量投入氮、磷化肥及农家肥，土壤处于富营养化状态，因此肥料利用率很低。此外，从表 2-23 中数据可看出，随着氮、磷化肥投入量的增加，氮、磷肥利用率有明显下降的趋势。氮、磷、钾养分的配比对氮、磷利用率也有影响，习惯施肥量处理 N：P_2O_5：K_2O 为 1：0.9：0.4，氮、磷供应过量，钾肥供应相对不足，氮、磷、钾养分供应失调导致氮、磷利用率下降。由此可见，氮、磷肥施用过量，氮、磷、钾养分供应不平衡是氮、磷肥利用率低的重要原因。

表 2-23 西芹的氮、磷肥利用率

磷肥施用量（kg/hm²）	磷肥利用率（%）	氮肥施用量（kg/hm²）	氮肥利用率（%）
250	4.93	300	15.10
375	3.55	450	10.07
563	2.45	675	6.71
960（习惯施用量）	1.10	1050（习惯施用量）	4.30

从甜椒氮、磷肥利用率的试验结果中可以看出（表 2-24），所有处理的磷肥利用率均为 0，氮肥利用率在氮肥施用量较低下达到 1.9%，随着磷肥施用量的增加，磷肥利用率急剧下降直至为零。可见，施用氮、磷化肥对甜椒的生长已经不能产生正效应，反而抑制甜椒的生长，即在目前有机肥的施用水平下，完全不施氮、磷化肥便可满足甜椒对氮磷养分的需求。

表 2-24 甜椒的氮、磷肥利用率

磷肥施用量（kg/hm²）	磷肥利用率（%）	氮肥施用量（kg/hm²）	氮肥利用率（%）
300	0	200	1.9
450	0	300	0
675	0	450	0
795	0	525	0

（四）优化处理下主要蔬菜能够达到的产量和利用率水平

从研究结果来看（图 2-15），该区域西芹的产量并没用随着氮磷肥施用量的增加而显著增加，几乎保持在 169 t/hm² 这样一个常数水平上，这一方面说明菜田养分富集的"本底效应"使得施肥对西芹没有增产作用；另一方面说明西芹的耐肥性很强，过量的肥料供应也不容易使西芹发生肥害而减产。

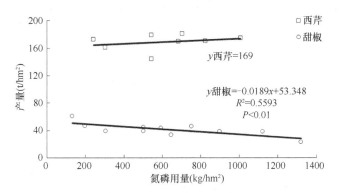

图 2-15 氮磷投入量与蔬菜产量的关系

从甜椒的研究结果看，甜椒的产量随着施肥量的增加而极显著下降，不施肥的空白处理反而能够获得最高的产量，甜椒对养分供应的响应比西芹敏感，过量的养分供应极易引起肥害而导致甜椒减产。

从提高氮磷肥利用率和蔬菜产量两方面考虑，减少氮磷肥的投入、适当增加钾肥的投入，是提高产量切实有效的途径。

第三章　主要蔬菜作物肥料效应

田间肥料试验的目的在于摸清减量施肥对作物产量的影响,确定作物氮磷化肥的经济合理用量,阐明肥料用量对作物养分吸收特性和需肥规律的影响,还可直接了解降低氮磷化肥用量后作物的田间表现,为推动在整个坝区推广蔬菜作物精准化平衡施肥技术提供参考。大渔乡示范区蔬菜、花卉作物种类繁多,其中西芹、生菜、甜椒和康乃馨、玫瑰 5 种作物在坝区种植面积较大,占整个坝区作物播种面积的 70%以上,经济效益高,过量施肥问题尤为突出。为此,课题组对大渔乡示范区的甜椒、西芹、生菜开展了田间肥料效应研究。各个试验在考虑作物氮、磷、钾养分吸收特性和需肥规律的基础上设置不同的氮、磷、钾肥料用量与配比,并以坝区该种作物的氮、磷化肥平均用量为对照,以期摸清坝区主要蔬菜和花卉作物的最佳养分需求量及配比。试验测试指标包括关键生育时期植株生物量、植株氮磷钾养分含量、植株含水量、植株营养诊断部位硝酸盐含量,收获期毛菜产量、净菜产量、废弃物产量和商品性状(如蔬菜株高、径围、紧实度,花卉的花枝长度、花苞直径、下垂角度等),西芹、生菜两种蔬菜还测试了收获期可食部位的硝酸盐含量,并分不同生育期测试土壤有机质、全氮、硝态氮、速效磷、速效钾含量。

第一节　材料和方法

一、试验条件

本试验于 2000 年 12 月至 2001 年 4 月在云南省呈贡县大渔乡进行,试验地为竹结构塑料大棚,大棚规格为宽 4 m、高 1.7 m,供试作物为西芹(文图拉 ventura)、甜椒(甜杂一号)、生菜(萨林纳斯)。西芹有机肥用量为生鸡粪 60 t/hm^2,甜椒为生鸡粪 45 t/hm^2,鸡粪的养分含量为 N 3.248%、P$_2$O$_5$ 1.853%、K$_2$O 2.422%、水分 73.76%;生菜有机肥用量为牛粪 75 t/hm^2,牛粪的养分含量为 N 1.875%、P$_2$O$_5$ 0.620%、K$_2$O 1.391%。有机肥在移栽前耕翻入耕作层。气象条件:年降雨量 700～1100 mm,平均 893.6 mm,70%～80%集中在 6～9 月;多年平均气温 14.7℃;年平均日照时数 2200 h。

二、供试土壤

试验地位于滇池湖滨带，供试土壤为菜园土，土壤母质为湖积物，属于黏质土壤。地下水位较浅，深 50 cm。该试验地自 1994 年由水稻田改为蔬菜地，棚龄为 5 年，土壤基本理化性质见表 3-1。

表 3-1 供试土壤基本理化性质

试验点	有机质（%）	速效氮（mg/kg）	速效磷（mg/kg）	速效钾（mg/kg）	pH	硝态氮（mg/kg）		
						0~30cm	30~60cm	60~90cm
西芹试验	4.15	237.03	105.7	293.22	6.79	1492.2	104.83	59.41
生菜试验	4.22	218.97	118.53	225.04	6.82	602.12	372.65	90.78
甜椒试验	6.83	162.6	54.8	101.5	3.64	646.52	10.29	—

三、试验设计

各供试作物的氮、磷、钾施用水平见表 3-2，以习惯施肥量为对照，按施用量逐渐减少设置不同处理，各作物氮、磷用量的最高值为调查的农户习惯肥料用量平均值，农户习惯施肥量来源于大渔乡示范区的调查结果。

表 3-2 三个试验中的肥料用量　　（单位：kg/hm²）

甜椒			生菜			西芹		
N	P$_2$O$_5$	K$_2$O	N	P$_2$O$_5$	K$_2$O	N	P$_2$O$_5$	K$_2$O
795	525	600	547.5	155.9	348.6	1050	960	600
675	450	400	450	104.8	249.0	675	562.5	450
450	300	345	408	98.2	165.6	450	375	400
300	200	157.5	300	65.5	161.9	300	250.5	0
0	0	0	199.5	43.9		0	0	

第二节　结果与分析

一、施肥对甜椒的肥料效应

（一）不同施肥处理的甜椒产量效应

甜椒是滇池流域的一个主要种植品种，目前种植面积在逐年扩大，已成为当地生产者的重要经济来源。从试验结果看，各处理的产量间有显著差异（表 3-3），产量以农户自己种植区域处理（CK$_2$）为最高，与其余处理差异均达到显著水平，施肥量为 N 0 kg/hm^2、P$_2$O$_5$ 135 kg/hm^2、K$_2$O 157.5 kg/hm^2；以平均施肥量处理（CK）最低，与其他处理相比，差异达到了显著或极显著水平；最低产量与最高产量的降幅达到 62.5%，最高产量处理氮磷养分的投入量相当于最低产量处理投入量的 10%。各处理相对于平均施肥量处理（CK）的氮磷投入率在 10%~85%，比 CK 增产 48%~166%。

表 3-3　不同处理的甜椒产投情况

处理	N∶P$_2$O$_5$∶K$_2$O	NP 用量(%)	产量(t/hm^2)	差异显著性 α=0.05	差异显著性 α=0.01	比习惯增产(%)	肥料成本(元/hm^2)	产值(元/hm^2)	投入/产出
CK$_2$	0∶1.0∶1.2	10	61.0	a	A	166	648	91 546	0.7
N$_0$P$_{2/3}$K$_{2/3}$	0∶1.0∶2.0	15	47.0	b	B	105	1 360	70 430	1.9
N$_1$P$_1$K$_1$	1∶0.7∶0.9	57	46.1	b	B	101	2 940	69 118	4.3
N$_{2/3}$P$_{2/3}$K$_0$	1∶0.7∶0.0	38	44.9	bc	B	96	1 000	67 319	1.5
N$_{2/3}$P$_1$K$_{2/3}$	1∶1∶1.3	45	43.6	bc	BC	90	2 160	67 584	3.2
N$_{2/3}$P$_{2/3}$K$_{2/3}$	1∶0.7∶1.3	38	39.4	c	BC	72	1 960	59 130	3.3
N$_{2/3}$P$_0$K$_{2/3}$	1∶0∶1.3	23	39.2	c	BC	71	1 560	58 779	2.7
N$_{3/2}$P$_{3/2}$K$_1$	1∶0.7∶0.9	85	38.9	c	BC	70	3 690	58 273	6.3
N$_1$P$_{3/2}$K$_1$	1∶1.0∶1.3	68	38.6	c	BC	69	3 240	57 887	5.6
N$_1$P$_{2/3}$K$_{2/3}$	1∶0.4∶0.9	49	33.8	c	C	48	2 260	50 692	4.5
CK	1∶0.7∶0.4	100	22.9	d	D	0	3 468	34 329	10.1

注：NP 用量为占农户习惯 NP 用量的比例；不同小写字母表示在 $P<0.05$ 水平上差异显著，大写字母表示在 $P<0.01$ 水平上差异显著；下同

甜椒产量总体上随氮磷化肥施用量的增加而下降，当氮磷肥料投入量为 CK 的 10%~25%时，随氮磷投入的增加，甜椒产量有明显的下降，为 25%~85%时，甜椒产量保持在一个相对稳定的水平，当氮磷肥料投入在 85%以上，甜椒产量进一步明显下降。

（二）氮、磷、钾对甜椒产量的交互影响

将氮、磷、钾对甜椒产量的影响进行降维处理，绘制三元素两两间的产量效应曲面（图 3-1），从氮、磷对产量的效应曲面可以看出，在低磷供应情况下，施氮显著降低甜椒的产量，施磷量的增加可以缓解施氮对甜椒产量产生的负面效应，产量没有显著下降，维持在一个中等水平。在低氮水平下，增施磷肥使甜椒产量呈下降趋势，在高氮水平下，低量的磷肥施用可以增加甜椒的产量，而高量的磷肥施用对甜椒产量有负面影响。在低量氮肥和低量磷肥施用情况下，甜椒可以获得较高的产量。从氮、钾的产量效应曲面可以看出，在不同的施钾水平，施氮都对甜椒产量有显著的负面效应，而在不同的施氮水平下，不同的施钾水平对产

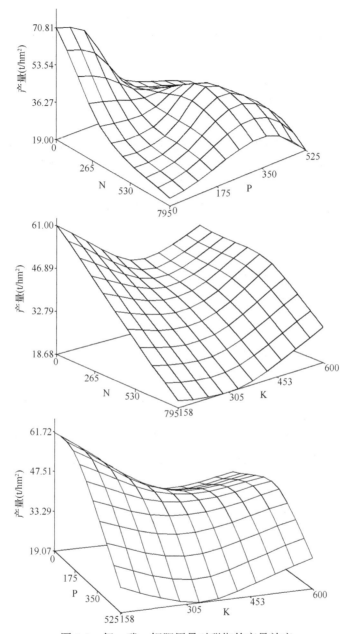

图 3-1 氮、磷、钾肥用量对甜椒的产量效应

N 为施氮量（N，kg/hm²）；P 为施磷量（P₂O₅，kg/hm²）；K 为施钾量（K₂O，kg/hm²）

量没有显著影响，既不引起减产，也没有增产作用。从磷、钾的产量效应曲面来看，在不同的施钾水平下，随着施磷量的增加，甜椒产量有下降趋势，在不同的施磷水平下，施用钾肥对甜椒产量无明显影响。由上面的分析可以得出：施氮对

甜椒产量的影响最大,其次是磷肥,钾肥对甜椒产量几乎没有影响。

对甜椒产量与氮、磷肥施用量做二元回归分析,对回归模型进行筛选,氮、磷化肥用量与产量的二元线性回归模型达到极显著水平,其回归数学模型为:$y=50.03-0.028\ 07X_N+0.004\ 2X_P$($R^2=0.5695^{**}$),可以用此模型来表达氮、磷肥用量对甜椒产量的影响,对此模型的截距和偏回归系数进行显著性测验显示:截距的偏回归系数达到极显著水平,这说明即使在完全不施氮、磷化肥的情况下,甜椒也能够获得高产;氮肥的偏回归系数达到显著水平,表明氮肥的施用能显著降低甜椒产量,而磷肥的偏回归系数未达到显著水平,表明磷肥的施用对甜椒有一定的增产作用,但是未达到显著水平。将化肥对甜椒产量的影响进行降维处理,只考察氮肥对甜椒产量的影响,结果表明:甜椒产量与氮肥施用量间呈极显著的负相关,相关系数为$r=-0.8505^{**}$。

对氮、磷肥施用量与甜椒产量的二次响应面分析表明:该二次曲面有一个最大值 51.48 t/hm^2,即最高产量,获得最高产量的氮、磷肥用量预测值分别为 -1.68 kg/hm^2、-0.94 kg/hm^2,这充分说明,不施氮、磷化肥也能获得甜椒的最高产量。

作氮、磷肥用量对甜椒产量的等产线图(图 3-2),以 7.67 t/hm^2 的差距将甜椒产量分成 5 个等级,在产量为 44.30 t/hm^2 水平以上,氮、磷肥用量在一个较狭窄的范围内,而产量是随着氮、磷肥量的增加而降低的。在 36.64 t/hm^2 产量水平下,氮、磷肥用量可在一个较大区域内维持该产量水平,在氮肥为 0~789 kg/hm^2、磷(P_2O_5)肥为 0~456 kg/hm^2 均能找到获得这一产量的氮磷肥组合,这说明要获得这一产量,氮、磷肥用量之间的互配有非常大的弹性。隋方功和王运华等的研究也表明,随着氮、磷、钾营养水平的降低,不仅总的经济产量没有下降,甜椒商品果产量也未下降。而在高氮、磷、钾营养水平下,果实的生长也是正

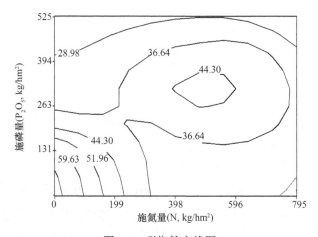

图 3-2 甜椒等产线图

常的，因而认为高氮、磷、钾营养对处于结果盛期甜椒果实的生长不易产生不良影响。这一研究结果与 36.64 kg/hm² 产量水平下氮、磷肥用量对甜椒产量效应的结果相一致。但是，从 28.98 t/hm² 产量水平的等值线可以看出，在氮、磷肥过量投入的情况下，甜椒的产量进一步下降。

二、施肥对西芹的肥料效应

（一）不同施肥处理的西芹产量效应

从试验结果的方差分析看（表 3-4），部分处理间产量在统计上达到显著差异，产量水平在 144～197 t/hm²，产量最高的为 $N_4P_4K_4$ 处理，产量最低的为 $N_2P_2K_1$ 处理，即不施钾的处理，二者相差 53 t/hm²，习惯施肥处理（CK）产量居第二，为 190 t/hm²，与最高产量间无显著差异。在氮磷化肥用量为农户习惯 27% 的情况下，同时适量施用钾肥，能够获得与习惯施肥处理相近的产量。与习惯施肥处理（CK）相比，除 $N_4P_4K_4$ 处理有 3.7% 的增产效应以外，其余处理均减产，减产幅度在 4.7%～24.2%，减产达到 10.5% 时，各处理产量与 CK 相比达到了显著水平，低于此减产幅度，虽然有减产，但产量差异未达到显著水平。产量没有明显的随氮磷投入增加而增加的趋势，氮、磷、钾的配比对西芹产量有显著影响。

表 3-4 不同处理的西芹产投情况

处理	N：P_2O_5：K_2O	氮磷用量（%）	产量（t/hm²）	95%显著水平	比习惯增产（%）	肥料成本（元/hm²）	产值（元/hm²）	投入/产出
$N_4P_4K_4$	1：0.8：0.9	62	197	a	3.7	3 915	52 569	7.4
CK	1：0.9：0.4	100	190	ab	0	5 100	50 795	10.1
$N_3P_2K_2$	1：0.6：0.9	35	181	abc	-4.7	2 362	48 221	4.9
$N_2P_2K_2$	1：0.8：1.3	27	179	abcd	-5.8	2 062	47 786	4.3
$N_3P_4K_4$	1：1.3：1.3	50	174	bcd	-8.4	3 465	46 500	7.5
$N_1P_2K_2$	0：1：1.6	12	173	bcd	-8.9	1 462	45 990	3.2
$N_3P_3K_4$	1：0.8：1.3	41	170	cd	-10.5	3 090	45 379	6.8
$N_2P_3K_2$	1：1.3：1.3	34	170	cd	-10.5	2 311	45 239	5.1
$N_5P_5K_5$	1：1.1：1.1	76	162	cde	-14.7	4 976	43 238	11.5
$N_2P_1K_2$	1：0：1.3	15	161	de	-15.3	1 561	42 858	3.7
$N_2P_2K_1$	1：0.8：0	27	144	d	-24.2	1 101	38 432	2.9

（二）氮、磷、钾对西芹产量的交互影响

从图 3-3 氮、磷、钾肥施用量与西芹产量的二次响应面来看，施氮、磷对西芹均有增产效果。在低磷供应水平下，西芹产量随施氮量增加而显著增加，在高

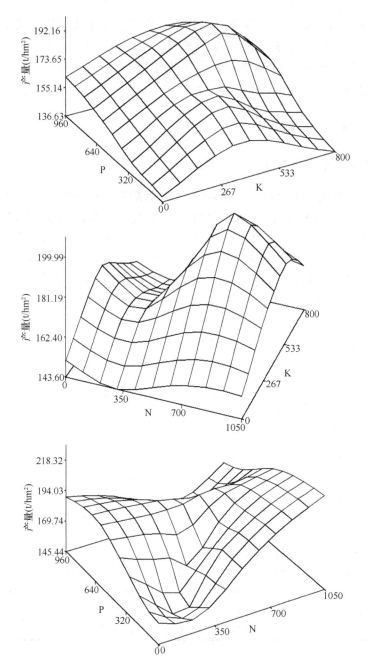

图 3-3 氮、磷、钾肥用量对西芹的产量效应

N 为施氮量（N，kg/hm²）；P 为施磷量（P₂O₅，kg/hm²）；K 为施钾量（K₂O，kg/hm²）

磷供应水平下，施氮的增产作用不明显；在低氮供应水平下，施磷对西芹有显著增产效果，其增产幅度随施磷量的增加逐渐减小，在高氮供应水平下，增施磷肥

对西芹没有增产效果，而且随着磷肥用量增加西芹产量有下降的趋势；在高氮或高磷供应水平下，西芹均能达到较高产量，在低氮低磷水平下，西芹产量也较低。从氮、钾肥用量对西芹的产量效应来看，施钾有明显的增产效果，而在高氮供应水平下尤为明显，在低氮供应水平下，少量的钾肥能显著增加西芹的产量，进一步增施钾肥，西芹产量将不再增加，在高氮供应情况下，钾肥用量在较大的范围内均有增产效果，只在极高的钾肥供应条件下，西芹产量才有所下降；在低钾供应水平下，增施氮肥没有显著的增产效果，在高钾供应水平下，低量氮对西芹没有增产效果，随着施氮量的进一步增加，西芹产量增加，在过量的氮肥和过量的磷肥供应水平下，西芹产量均会降低，在低氮、高钾水平下，西芹产量较低。因此，要获得西芹的高产，氮、钾的供应必须同步，增施氮肥也要相应增施钾肥，钾肥供应不足，增施氮肥没有增产效果；钾肥供应充足而氮肥供应不足，增产效果也不明显。从磷、钾肥用量对西芹的产量效应曲面来看，在不同的施磷水平下都有类似的趋势：适量钾肥供应，产量随施钾量增加而增加，随着钾肥的过量投入，西芹产量反而下降，高磷水平下钾肥的增产效果比低磷水平下明显；在不同的施钾水平下，增施磷肥均有增产的效果，在高钾、低磷的情况下产量最低，在高钾、高磷情况下产量最高。

（三）氮、磷、钾单因子对西芹产量的影响

在施氮、钾量相同的情况下，西芹产量随施磷量增加而增加（图3-4），但未达到显著水平，施氮量不同对西芹产量无显著影响，施钾对西芹有明显的增产效果。

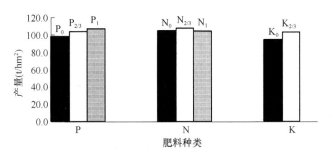

图3-4 氮、磷、钾单因子对西芹产量的影响

三、施肥对生菜的肥料效应

由表3-5看出：部分处理间产量有显著差异，与习惯施肥处理（CK）相比，除农户自己种植区域处理（CK_2）外，各处理均有不同程度的增产，增产幅度在11.1%～29.7%。产量最高的处理（$N_1P_{2/3}K_{2/3}$）为92.1 t/hm²，与习惯施肥处理（CK）

的产量 71.0 t/hm² 相差 21.1 t/hm²，增产 29.7%，产量最低的为农户自己种植区域处理（CK₂），产量为 68.1 t/hm²，与最高产处理差异达 24.0 t/hm²。该处理产量低下有两方面的原因，一是氮、磷肥过量，氮、磷、钾配比不合理，二是施肥方式不当，农民有在生长中期施用粪水的习惯，在相对密闭的大棚环境中极易导致氨浓度过高而使生菜中毒。

表 3-5 不同施肥处理的生菜产投情况

处理	N：P_2O_5：K_2O	氮磷用量比习惯减少（%）	产量（t/hm²）	比习惯增产（%）	肥料成本（元/hm²）	产值（元/hm²）	投入/产出
CK	1：0.4：0.4	0	71.0cd	0	2 028	37 543	5.5
$N_1P_1K_1$	1：0.5：1.0	42.3	91.0a	28.2	1 620	42 170	7.0
$N_1P_{2/3}K_{2/3}$	1：0.3：0.7	48.7	92.1a	29.7	1 280	49 982	3.9
$N_{2/3}P_{2/3}K_{2/3}$	1：0.5：1.0	61.5	78.9bc	11.1	1 079	47 193	2.6
$N_{3/2}P_{3/2}K_1$	1：0.5：0.7	13.5	86.6ab	22.0	2 070	46 523	2.3
CK₂	1：0.9：1.0	1.9	68.1d	-4.1	2 538	35 905	4.5

从图 3-5 可以直观地看出不同氮、磷肥用量对生菜产量的影响。总的趋势是，在氮或磷肥用量较低的情况下，随着施磷或氮量的增加，产量随之增加，当产量达到最高值后，随着磷或氮肥用量的增加，生菜产量急剧下降。最高产量出现在曲面的中部，即 $N_1P_{2/3}$ 水平下。由此可以看出，使生菜达到较高产量的氮、磷肥用量范围较窄，生菜是对氮、磷都较敏感的作物，这一特性使生菜与一些耐肥性的蔬菜有所不同，在生产中，合理的氮、磷肥用量是其获得高产的关键因素，氮、磷投入不足或过量都容易减产。

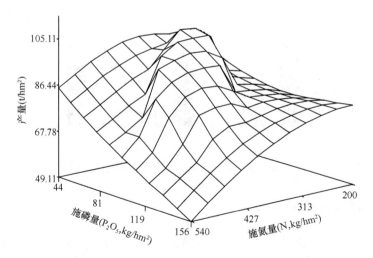

图 3-5 氮、磷肥料配施对生菜产量的影响

四、经济效益分析

对西芹的产值与化肥成本用二次方程式进行拟合，得到回归方程为：$y=-0.0014x^2+9.7344x+31\,884$，$R^2=0.2767^*$，二次项系数为负值，该曲线呈报酬递减型（图3-6）。一次项系数达显著水平，说明在化肥投入的起始阶段，化肥对西芹产值有显著的促增长效应，求此方程的一阶导数得 $dy/dx=-0.0028x+9.7344$，当一阶导数等于零时，对应的肥料成本是获得最大产值的肥料成本，此时 $x=3476.57$，即当肥料成本为3476.57元/hm^2时，西芹将获得最大产值48 805.2元/hm^2，进一步增加肥料投入将导致西芹的经济效益下降。从目前该地区肥料成本5100元/hm^2来看，超过了获得最大产值的肥料成本，使得西芹经济效益下降，获得最大产值的肥料投入比目前习惯投入的肥料成本节省1623.43元/hm^2。

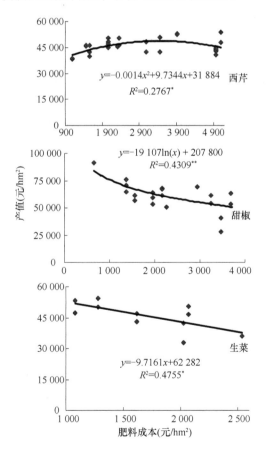

图3-6 三个试验点的化肥成本与产值的关系

甜椒产值与化肥成本之间的关系可以用 $y=-19\,107\ln(x)+207\,800$ 描述，$R^2=0.4309^{**}$，决定系数达到极显著水平，二者之间有极好的拟合度，回归系数显著性测验也达到了极显著水平，且为负值（图 3-6）。由此可见，肥料成本与甜椒产值之间呈极显著负相关，肥料成本增加显著降低甜椒的经济效益。生菜产值与肥料成本之间的关系可以用直线方程 $y=-9.7161x+62\,282$（$R^2=0.4755^*$）来拟合，二者达到极显著负相关（图 3-6）。生菜产值随着肥料成本的增加而显著下降，对此方程求导 $dy/dx=-9.7161$，即每增加一元钱的肥料投入将导致产值下降 9.7161 元，肥料的过量投入已经成为经济效益降低的重要原因。生菜习惯肥料投入成本为 2028 元/hm^2，最高产值的肥料成本为 1280 元/hm^2，二者相差 748 元/hm^2，同时二者间的产值相差 12 439 元/hm^2。

从投入的肥料成本占产值的比例来看，各蔬菜比例均很小，西芹目前的习惯肥料成本占产值的 10.0%，甜椒占 10.1%，生菜占 5.4%，但是因肥料投入过量导致的减产而带来的产值下降是很大的，与获得最高产值（91 546 元/hm^2）的处理相比，甜椒习惯施肥处理的产值（34 329 元/hm^2）下降 57 217 元/hm^2。生菜习惯施肥处理的产值为 37 543 元/hm^2，最高产值为 49 982 元/hm^2，二者相差 12 439 元/hm^2，习惯施肥处理对生菜的产值有极显著的负面影响。西芹习惯施肥处理的产值为 50 795 元/hm^2，最高产值为 52 569 元/hm^2，二者无显著差异，即目前的施肥习惯能使西芹获得较高的产值，其不同于甜椒、生菜的施肥习惯对其产值有显著的负面影响。

第三节 讨 论

以西芹试验地为例，多年大量的肥料投入，使土壤本底的氮、磷养分含量很高[速效氮（N）达 237.03 mg/kg，速效磷（P_2O_5）达 105.7 mg/kg]，超出了土壤氮、磷养分丰等级的临界值，土壤处于富营养化状态。此外，以有机肥（鸡粪 60 t/hm^2）形式投入的养分为 N 511 kg/hm^2、P_2O_5 292 kg/hm^2、K_2O 381 kg/hm^2，有机肥投入的养分基本上已经能够满足西芹生长的需求，而目前的施肥现状是在施有机肥的情况下，该地区氮、磷肥的平均习惯用量（CK）为 N 1050 kg/hm^2、P_2O_5 960 kg/hm^2，氮、磷化肥的投入量已经远远超出了作物对氮、磷养分的需求量。在土壤养分含量较为丰富，同时大量投入有机肥的情况下，将习惯施肥量减少 30%～70%，不会影响作物的产量。因此，在该地区保护地种植西芹有较大的减少氮、磷化肥用量的空间。

就甜椒而言，氮、磷化肥过量施用，氮、磷、钾养分供应失调已经成为影响其产量的第一位因素，特别是前期氮肥施用过多、营养生长过旺导致产量下降。这一方面是因为，土壤背景养分含量很高，土壤处于富营养化，速效氮含量为

162.6 mk/kg、速效磷为 54.8 mg/kg，根据大棚土壤养分分级指标，一般土壤养分含量速效氮＞150 mg/kg、速效磷＞40 mg/kg 就已经达到极高程度，该地点含量远远超过这一指标，在土壤中氮、磷如此丰富的情况下，施用氮、磷化肥不但不会为甜椒的生长带来正效应，反而会带来负面影响。另一方面是因为，与我国其他地方不太重视有机肥施用的情况不同，该地区在甜椒生产中有大量投入高养分含量有机肥的习惯，以有机肥（鸡粪 45 t/hm^2）形式投入的养分为 N 383.5 kg/hm^2、P 218.8 kg/hm^2、K 286.0 kg/hm^2，加快了土壤养分富集的进程。根据目前该地区的土壤养分状况和肥料投入状况，可以大幅度减少氮、磷化肥的用量，甚至短期内不施用氮、磷化肥，实现各种营养元素适量、平衡、协调的供应，保证甜椒的产量和质量。

第四章　设施栽培中生菜养分吸收规律和氮磷肥料利用率

昆明呈贡县大渔乡是滇池流域蔬菜、花卉集约化生产主产地之一，由于缺乏科学的施肥指导，施肥存在盲目性、经验性，生产中大量施肥，尤其是氮、磷肥过量施用，氮、磷、钾比例失调现象普遍存在，不仅造成滇池流域农田土壤盐渍化、土壤板结、退化，病虫害频繁剧烈发生，农产品品质下降等问题（郭慧光和闫自中，2000），而且使氮磷肥料流失成为滇池水体富营养化的重要原因（高柳青和晏维金，2002；邓晴，1998；孟裕芳，1999；杨天蒙，2002）。据报道，农业面源污染为滇池贡献的营养成分总氮占 32.9%，磷为 564 t/年（杨文龙和杨树华，1998）。本试验旨在研究设施栽培中不同化肥配合施用对结球生菜（*Lactuca sativa* var. *capitata*）（占全乡蔬菜种植面积的 10.1%，为第五大蔬菜栽培品种）养分吸收及氮磷肥料利用率的影响，以期为合理施肥、提高肥料利用率提供理论依据。

第一节　材料和方法

一、试验材料

试验设在呈贡县大渔乡滇池湖滨带，供试土壤为菜园土，质地黏壤。土壤基本理化性状为：pH 5.78，全氮 1.97 g/kg，硝态氮 207.80 mg/kg，速效钾 176.55 mg/kg，速效磷 21.71 mg/kg，有机质 32.3 g/kg。

试验地为竹结构塑料大棚，宽 4.8 m，高 1.7 m。供试生菜品种为美国 PS，属晚熟品种（张德威，1993）。采用育苗移栽，按 30 cm×35 cm 规格大田定植，田间管理按照常规栽培技术要求进行。2002 年 2 月 27 日定植，4 月 18 日收获，大田生育期为 52 d，全生育期 90~95 d。有机肥按农户习惯施用猪粪 75 300 kg/hm^2，移栽前耕翻入耕作层，前茬作物为生菜。

二、试验方法

试验设 5 个处理：①对照（不施氮磷肥，只施钾肥）K；②施氮钾肥 NK；③施磷钾肥 PK；④施氮磷钾肥 NPK；⑤在处理④基础上增施 50%氮肥 $N_{3/2}PK$。各处理施肥量见表 4-1。其中氮肥分别于间苗后（20%）、莲座期（40%）、结球初期（40%）

分三次追施；磷肥全部作底肥一次施用；钾肥 40%作底肥，60%分别于莲座期（20%）和结球初期（40%）分两次追施。肥料品种为硝酸铵、尿素、过磷酸钙、硫酸钾 4 种。试验设 2 次重复，随机区组排列，小区面积 22 m^2。

表 4-1　各处理养分施用量　　　　（单位：kg/hm^2）

施用量	处理				
	K（CK）	NK	PK	NPK	$N_{3/2}PK$
N	0	240	0	240	360
P_2O_5	0	0	120	120	120
K_2O	300	300	300	300	300

收获期测产；分析植株全氮磷钾含量（H_2SO_4-H_2O_2 消煮，凯氏定氮法测 N，钒钼黄比色法测 P，火焰光度计法测 K）（李酉开，1983）；测定食用部位硝酸盐含量（用德国 Merck 公司生产的反射速测仪及硝酸试纸测定）；测定 0～30 cm 土层全氮（凯氏定氮法）（李酉开，1983）、硝态氮（紫外分光光度法）（周顺利等，2002）、速效磷（$NaHCO_3$ 浸提-钼锑抗比色法）（李酉开，1983）、速效钾（火焰光度计法）（李酉开，1983）、有机质（油浴加热-$K_2Cr_2O_7$ 滴定法）（李酉开，1983）。

第二节　结果与分析

一、不同处理对产量的影响

统计分析表明（表 4-2），总生物产量和净菜产量各处理间均无显著差异。总生物产量在 85 872.45～87 522.90 kg/hm^2，净菜产量在 69 126.60～73 090.65 kg/hm^2，即使不施氮磷肥（CK）也不会造成显著减产，说明在土壤背景养分含量较高、大量施用有机肥的情况下，减少化肥尤其是氮磷化肥用量仍有较大的空间。从表 4-2 可看出，总生物产量和净菜产量均是 NPK 处理最高，总生物产量最低是 CK 处理，净菜产量最低为 $N_{3/2}PK$ 处理。PK 和 NK 处理比较，N 的增产效果较 P 大，N、P、K 配合施用处理的增产效果最大，说明在肥料没有显著增产效果的情况下，氮、磷、钾合理配施仍优于偏施或不施其中某种养分的施肥方式。过量施用氮肥反而导致减产。

表 4-2　不同处理生菜产量　　　　（单位：kg/hm^2）

产量	处理				
	K（CK）	PK	NK	NPK	$N_{3/2}PK$
总生物产量	85 872.45	86 956.35	87 328.05	87 522.90	86 384.40
净菜产量	69 244.80	69 564.00	72 220.05	73 090.65	69 126.60

二、不同处理对生菜养分吸收的影响

研究结果表明（表4-3），各处理之间N、P、K养分吸收量及吸收比例间无显著差异，说明生菜对养分的吸收主要由遗传特性决定，而施肥及环境影响较小。由表4-3可知，N、P、K养分吸收量均以对照最低，NPK处理最高，N、P、K三要素吸收量大小均为处理CK＜PK＜$N_{3/2}$PK＜NK＜NPK。各处理生菜对三要素吸收量大小顺序均为K＞N＞P，对三要素吸收比例为N：P：K=（8.11～8.48）：1：（12.98～13.90）。比较PK和NK处理，NK处理钾的吸收量高于PK处理，说明增施氮肥更能促进生菜对钾的吸收（徐小华和吾建祥，2002）；NPK处理与PK处理比较，说明增施氮肥也能促进生菜对磷的吸收，同样可看出，增施磷、钾肥可促进生菜对氮的吸收。但过量施用氮肥反而导致三要素吸收量下降，而氮、磷、钾合理配合施用能促进各养分的吸收。从以上分析可以看出，生菜生长必须N、P、K合理配施，达到养分平衡供应，缺乏其中之一，都将影响生菜对其他养分的吸收。

表4-3 各处理养分吸收量及其比例和氮、磷肥料利用率

处理	养分吸收量（kg/hm²）			肥料利用率（%）		N：P：K
	N	P	K	N	P	
K（CK）	82.93	9.78	130.18	—	—	8.48：1：13.31
PK	83.96	10.13	140.79	—	1.34	8.29：1：13.90
NK	106.23	12.73	170.67	9.71	—	8.35：1：13.41
NPK	108.65	13.40	173.98	10.71	13.81	8.11：1：12.98
$N_{3/2}$PK	90.68	11.17	147.34	2.15	5.33	8.12：1：13.19

注：肥料利用率（%）=（施肥区生菜吸收养分量−对照区生菜吸收养分量）/施用某养分量×100（彭少兵等，2002）

三、不同处理对氮、磷肥料利用率的影响

表4-3表明，不同处理的氮、磷肥料利用率都很低，氮、磷肥料利用率均以NPK处理最高，氮为10.71%，磷为13.81%，相当于我国氮肥平均利用率30%～35%（胡霭堂，1995）的1/3，磷肥平均利用率10%～25%（胡霭堂，1995）的1/2左右。氮肥利用率按照处理NPK、NK、$N_{3/2}$PK呈下降趋势，从NPK处理的10.71%下降到$N_{3/2}$PK处理的2.15%；磷肥利用率按照NPK、$N_{3/2}$PK、PK呈降低趋势，从13.81%降低到1.34%。处理$N_{3/2}$PK较PK的磷肥利用率高，这与前述增施氮肥能促进生菜对磷的吸收的分析结果一致。处理$N_{3/2}$PK的氮、磷肥料利用率分别为2.15%和5.33%，比NPK处理的10.71%、13.81%分别降低了8.56个百分点和8.48个百分点，说明过度提高氮肥用量或者不合理的施肥比例不但不能提高生菜产量，

反而会降低肥料利用率,造成资源浪费、环境污染。平衡施用氮、磷、钾肥可明显提高生菜氮、磷肥料利用率,这一结论与 Zhu(1997)关于平衡施用氮、磷、钾肥和其他必需营养元素能提高水稻氮肥利用率的结论一致。

四、土壤肥力效应与肥料效应比较

由表 4-4 可知,生菜生物产量主要来自土壤肥力的效应,占 98.11%~99.41%,肥料的效应仅占 0.59%~1.89%。肥料效应 NPK>NK>PK>N$_{3/2}$PK>K(CK),而土壤肥力效应则相反。表明长期大量施用有机肥和化肥,土壤养分富集,肥料的效应十分有限。

表 4-4 土壤肥力效应与肥料效应对产量贡献率比较(%)

项目	处理				
	K(CK)	N$_{3/2}$PK	PK	NK	NPK
土壤肥力	100	99.41	98.75	98.33	98.11
肥料	0	0.59	1.25	1.67	1.89

注:肥料贡献率=($Y_{处理}-Y_{CK}$)/$Y_{处理}$;土壤肥力贡献率=1-肥料贡献率,Y 代表各处理平均生物产量

五、不同处理对生菜食用部位硝酸盐含量的影响

表 4-5 表明,不同处理食用部位硝酸盐含量均是采收期稍低于结球期。虽然各处理硝酸盐含量均超过 WHO/FAO 允许的 432 mg/kg 限量标准(王艳等,2001),但只施氮钾肥的处理 NK 硝酸盐含量最高,NPK、N$_{3/2}$PK 处理则相对较低。说明高氮水平下,配施磷钾肥能降低 NO_3^--N 含量(何天秀等,1999),因钾素可在一定程度上抑制作物对 N 过量的吸收,有助于减少硝酸盐积累(李俊良等,2002);但磷素可以促进氮的吸收和同化,磷是硝酸还原酶和亚硝酸还原酶的重要组成部分,参与 NO_3^- 的还原和同化(鲁如坤,1998)。

表 4-5 不同处理生菜食用部位硝酸盐含量 (单位:mg/kg)

采样时期	处理				
	K(CK)	PK	NK	NPK	N$_{3/2}$PK
结球期	1393.65	1085.54	1454.09	1143.30	1125.16
采收期	979.47	1079.01	1384.31	1067.60	928.50

六、不同处理对土壤肥力的影响

由表 4-6 可以看出,随生育期的推进,不同处理各土壤养分含量均呈随施肥

量的增加到结球期增高、到采收期下降的趋势。不同处理间比较可看出，施氮可提高土壤全 N 含量。处理 NPK 和 NK 比较，因处理 NPK 植株吸收 N 量较 NK 高，故土壤全 N 量 NPK 稍低于 NK 处理。增施 P、K 对土壤各时期全 N 含量影响不大，不施 N 则土壤采收期全 N 含量相比试验前稍有下降。速效 K 含量除对照外，其余处理采收期相比试验前均有不同程度的提高，增加幅度最大的是 $N_{3/2}PK$ 处理，达 35.8%，其原因可能是大量施用氮肥，土壤中 NH_4^+ 活度增大，NH_4^+ 与 K^+ 同时存在时，不仅钾的固定减少，而且固定态钾的有效性增加，故土壤速效钾含量提高（王敬国，1995）。NPK 处理植株吸收 K 量最大，故其土壤速效 K 量除对照外最小。各处理土壤速效 P 含量均较试验前增加，处理 NPK、$N_{3/2}PK$、PK 因增施磷肥，土壤速效 P 量相对较高。对照可能因施入有机肥的矿化，K 肥的激发效应（王敬国，1995），以及植株吸收 P 量最小等，土壤采收期速效 P 量最高。NK 处理植株吸收 P 量仅次于 NPK 处理，同时因未施 P 肥，故土壤速效 P 含量最小。高施 N 处理 $N_{3/2}PK$ 较不施 N 处理土壤硝态氮含量高，且随施氮量增加而相应增加，但 N、P、K 合理配合施用可降低土壤硝态氮含量。同样，不施 N 处理 PK 较处理 K（CK）的硝态氮含量低，因 P、K 配合施用促进了植株对 N 的吸收，降低了土壤 NO_3^--N 含量。以上分析表明，N、P、K 合理配施可培肥地力，减少 NO_3^--N 淋失。土壤有机质含量在短期内变化不大。

表 4-6 不同处理土壤养分含量

处理	采样时期	全氮（g/kg）	硝态氮（mg/kg）	速效钾（mg/kg）	速效磷（mg/kg）	有机质（g/kg）
试验前	前茬作物收获后	1.97	207.80	176.55	21.71	32.3
$N_{3/2}PK$	结球期	2.41		407.89	174.69	37.3
	采收期	2.07	252.35	239.73	69.65	32.1
NPK	结球期	2.09		291.07	85.91	33.3
	采收期	1.97	172.31	190.56	79.62	32.3
NK	结球期	2.26		384.97	80.85	34.6
	采收期	2.08	200.50	210.25	63.18	33.7
PK	结球期	2.26		287.79	89.92	34.9
	采收期	1.96	168.12	208.88	65.29	31.4
K（CK）	结球期	2.24		251.13	107.58	35.7
	采收期	1.94	201.88	153.76	90.30	31.6

第三节 讨　论

1）长期 N、P 化肥的过量施用和有机肥的大量投入，以及不合理的施肥比例是滇池流域农田保护地蔬菜生产中肥料增产效应贡献甚微、肥料利用率低的主要原因，不仅限制了滇池流域农业的可持续发展，也造成滇池水体污染加重。

2）N、P、K 三要素中任何元素的缺乏都将影响生菜对其他养分的吸收和利用。N、P、K 合理配施可以促进生菜对土壤养分的吸收，提高肥料利用率，降低植株硝酸盐含量和土壤硝态氮残留，从而减少 N、P 淋失和降低环境污染风险，提高商品蔬菜品质。

3）实际生产中，在当地农户习惯大量施用有机肥的情况下，可适当降低 N、P 养分用量，有助于提高产投比。

第四节　主　要　结　论

通过不同施肥处理试验，研究了设施栽培条件下，生菜产量、养分吸收量及氮磷肥利用率、土壤养分含量、生菜食用部位硝酸盐含量和氮磷肥施用量及比例之间的关系，以期为生菜生产中合理施肥、提高肥料利用率提供科学依据。研究结果表明，氮、磷、钾合理配施（本试验中 N、P_2O_5、K_2O 用量分别为 240 kg/hm^2、120 kg/hm^2、300 kg/hm^2）可促进生菜对养分的吸收，提高氮磷肥利用率，降低食用部位硝酸盐含量和土壤硝态氮残留，从而减少 N、P 淋失和降低环境污染风险，提高商品蔬菜品质。

第五章 蔬菜鲜干重增长动态和氮磷钾营养吸收特性

第一节 材料和方法

一、调查研究区域

示范区位于流域内集约化蔬菜、花卉产业基地之一的呈贡县大渔乡,包括新村、大渔、大河、太平关、小海晏 5 个村,共有农户 3236 户,面积约 12.5 km²。2000 年大渔乡蔬菜种植面积 17 682 亩(约 1178.8 hm²),花卉种植面积 1624.5 亩(约 108.3 hm²);示范区蔬菜种植面积 8232 亩(约 548.8 hm²),花卉种植面积 1546 亩(约 103.3 hm²)。可见,蔬菜、花卉种植在全乡种植业中占据主导地位,且主要集中在示范区中。

大渔乡蔬菜种类繁多,仅播种面积超过 100 亩(约 6.7 hm²)的就有 15 种,占全乡蔬菜播种面积的 92.5%;超过 1000 亩(约 66.7 hm²)的有 7 种,分别为白菜、青花菜、甘蓝、尖椒、生菜、西芹、胡萝卜,占全乡蔬菜播种面积的 74.2%。许多品种是新引进的品种。

本研究主要针对示范区内所栽种的 21 种蔬菜(共七大类,分属 7 科 13 属)(表 5-1),每种作物均在示范区选择两个农户进行全生育期营养吸收动态田间监测试验。所监测作物覆盖了示范区 97% 以上蔬菜种植面积的蔬菜种类。

表 5-1 调查蔬菜类别一览表

蔬菜类别	蔬菜名称	拉丁名	植物学分类	别名	占全乡播种面积(%)
根菜类	胡萝卜	*Daucus carota*	伞形科胡萝卜属二年生草本植物	石香菜	6.3
	心里美萝卜	*Raphanus sativus*	十字花科萝卜属二年生草本植物		1.0
白菜类	白菜	*Brassica campestris* ssp. *pekinensis*	十字花科芸薹属		13.9
	瓢菜	*Brassica chinensis* var. *communis*	十字花科芸薹属	油菜	
甘蓝类	甘蓝	*Brassica oleracea* var. *capitata*	十字花科芸薹属一二年生草本植物	卷心菜、莲花白、包心菜	11.8
	紫甘蓝	*Brassica oleracea* var. *rubra*	十字花科芸薹属一二年生草本植物,结球甘蓝类型	紫包心菜、红甘蓝、紫苞菜、红卷心菜	

续表

蔬菜类别	蔬菜名称	拉丁名	植物学分类	别名	占全乡播种面积（%）
甘蓝类	花椰菜	*Brassica oleracea* var. *botrytis*	十字花科芸薹属甘蓝种，一二年生草本植物	花菜、菜花	4.1
	青花菜	*Brassica oleracea* var. *italica*	十字花科芸薹属甘蓝种，一二年生草本植物	青花、西兰花	11.9
绿叶类	西芹	*Apium gravelens* var. *dulce*	伞形科芹属	西洋芹、洋芹	9.9
	生菜	*Lactuca sativa* spp.	菊科莴苣属一二生草本植物	叶用莴苣	10.1
	莴笋	*Lactuca sativa* var. *angustana*	菊科莴苣属一二年生草本植物	茎用莴苣	
	荷兰芹	*Coriandrum sativum*	伞形科欧芹属一二年生香辛蔬菜	香芹、洋芫荽、番芫荽	
	菠菜	*Spinacea oleracea*	藜科菠菜属一二年生蔬菜		2.8
	豌豆尖	*Pisum sativum* var. *hortense*	豆科豌豆属一二年生攀缘草本植物		2.1
茄果类	茄子	*Solanium melongena* var. *sepenlinum*	茄科茄属		
	甜椒	*Capsicum annuum* var. *grossum*	茄科辣椒属		
	尖椒	*Capsicum annuum* var. *longrum*	茄科辣椒属		5.3
瓜类	西葫芦	*Cucurbita pepo*	葫芦科南瓜属一年生草本植物	小瓜、香瓜	5.0
豆类	荷兰豆	*Pisum sativum* var. *macrocarpon*	豆科豌豆属菜用豌豆软荚种，一年生攀缘草本植物	软荚豌豆、豌豆、大荚豌豆	0.9
	甜豌豆	*Pisum sativum* var. *hortense*	豆科豌豆属菜用豌豆食荚甜豌豆种，一二年生攀缘草本植物	甜脆豆	3.4
	菜豆	*Phaseolus coccineus*	豆科菜豆属	猫眼豆	

注：蔬菜的分类较多且无统一说法，表 5-2 分类是按采样方法的一致性和相似性进行分类的

二、采样方法

采样方法见表 5-2。

表 5-2　蔬菜样本采集基本信息

蔬菜种类	作物名称	点数（个）	采样时期	采样方法
结球叶菜类	生菜	2	幼苗期、莲座期、结球中期、收获期	选取正常生长、健壮、有代表性植株，除最后一次采样分净菜和废弃物制样外，其余各次采样为整株混合样
	甘蓝	2	移栽期、莲座期、结球期、收获期	
	紫甘蓝	2	定植期、莲座期、结球期、收获期	
	白菜	2	间苗期、莲座期、结球中期、收获期	

续表

蔬菜种类	作物名称	点数（个）	采样时期	采样方法
非结球叶菜类	荷兰芹	2	定植期、叶丛生长初期、初采期、初采期后2个月、初采期后4个月、初采期后6个月、初采期后8个月、采收末期	初采期以前选取正常生长、健壮、有代表性植株整个地上部制样；自初采期起定株30株，分6组，每组5株，每2个月采一次整株，两次整株采样之间采商品成熟叶片
	瓢菜	2	收获期	收获期一次性采样，选取正常生长、健壮、有代表性植株，分净菜和废弃物制样
	菠菜	2	收获期	
	豌豆尖	2	收获期	
	莴笋	2	幼苗期、莲座期、肉质茎膨大初期、收获期	选取正常生长、健壮、有代表性植株整个地上部制样，除最后一次采样分净菜和废弃物制样外，其余各次采样为整株混合样
	西芹	2	幼苗期、叶丛生长初期、叶丛生长盛期、心叶充实期、收获期	
根菜类	胡萝卜	2	幼苗期、叶生长盛期、肉质根膨大期、收获期	选取正常生长、健壮、有代表性植株，各次采样均分地上部和地下部制样
	心里美萝卜	2	幼苗期、莲座期、肉质膨大初期、肉质根膨大盛期、收获期	
茄果类	茄子	2	现蕾期、初花期、瞪眼期、初采期、盛收期、采收末期	选取正常生长、健壮、有代表性植株整个地上部制样，初采期前随机整株取样，自初采期起定株取样，共定株4组，每组3株，分别于初采期、采收初期、盛收期、采收末期整株取样，两次整株采样之间分次采商品成熟果实
	西葫芦	2	幼苗期、初花期、初采期、盛收期、采收末期	
	尖椒	2	幼苗期、现蕾期、初花期、座果期、初采期、盛收期、采收末期	
	甜椒	2	定植期、现蕾期、初花期、座果期、初采期、采收前期、盛收期、采收末期	
豆类	菜豆	2	抽蔓期、初花期、初采期、盛收期、采收末期	采收初期前随机整株取样，自初采期起定架取样，分初采期、盛收期、采收末期整株取样，两次整株采样之间分次采商品成熟豆荚
	荷兰豆	2	抽蔓期、初花期、初采期、盛收期、采收末期	
	甜豌豆	2	抽蔓期、座果期、初采期、盛收期、采收末期	
花菜类	青花菜	2	定植期、莲座期、结球前期、结球中期、收获期	选取正常生长、健壮、有代表性植株整个地上部制样，除最后一次采样分净菜和废弃物制样外，其余各次采样为整株混合样
	花椰菜	2	定植期、莲座前期、莲座后期、结球期、收获期	

三、测定项目及方法

1. 调查和测定项目

农户地块背景信息：作物名、品种、GPS 定位、地块面积、设施类型、灌溉方式、种植年限、土壤质地、肥力水平、施肥情况、种植密度、产量水平、播种和（或）移栽时间、前作等。

土壤信息：前茬收获后，施底肥前多点混合取样，测试有机质、全氮、硝态氮、速效磷、速效钾含量和 pH。

作物信息：收获期测定生物产量和经济产量、蔬菜经济性状指标等；于作物不同生育期取样（表 5-2），分经济产量部分和废弃物分别制样，测定鲜、干重，含水率，植株 N、P、K 养分含量等。

2. 测试方法

植株氮、磷、钾含量：H_2SO_4-H_2O_2 消煮，凯氏定氮法测 N，钒钼黄比色法测 P，火焰光度计法测 K（李酉开，1983）。土壤全氮含量：凯氏定氮法。速效磷含量：$NaHCO_3$ 浸提-钼锑抗比色法。速效钾含量：火焰光度计法。有机质含量：油浴加热-$K_2Cr_2O_7$ 滴定法。pH：电位法（李酉开，1983）。硝态氮含量：紫外分光光度法（周顺利等，2002）。

3. 数据处理

全部试验数据采用 EXCEL 软件计算、分析和作图。

第二节　根菜类蔬菜鲜干重增长动态和氮磷钾营养吸收特性

一、心里美萝卜

心里美萝卜（*Raphanus sativus*）肉质根白皮红肉。供试土壤为 6 年菜园土，质地壤土，前作西芹。土壤基本理化性质为：全氮 1.717 g/kg，硝态氮 54.91mg/kg，速效 K 112.881 mg/kg，有效 P 51.032 mg/kg，有机质 26.77 g/kg，pH 7.21。2002 年 3 月 16 日播种，露地栽培，起垄薄膜覆盖，4 月 7 日定苗（种植密度为 15.48 万株/hm^2），5 月 19 日采收，全生育期 64 d。未施有机肥，莲座期施碳铵 392.5 kg/hm^2，折合纯 N 66.7 kg/hm^2，未施磷钾肥。田间管理按照常规栽培技术要求进行。

分别于 4 月 7 日[幼苗期，生育期划分依据浙江农业大学（1987），下同]、4 月 21 日（莲座期）、5 月 1 日（肉质根膨大初期）、5 月 10 日（肉质根膨大盛期）、

5月15日（收获期）选取有代表性、正常生长植株5~15株，分地上部叶和地下部肉质根制样。

（一）心里美萝卜的生长动态

收获期植株株高33.9 cm，肉质根根长21.4 cm、周长28.0 cm，生物产量124 048 kg/hm²，经济产量75 812 kg/hm²。心里美萝卜鲜、干重增长动态趋势大致为随生育进程而增加，但不完全一致（图5-1和图5-2）。植株（包括地上部叶和地下部肉质根，下同）生长前期鲜重随生育进程而增加，到肉质根膨大盛期（播种后55 d）达最大值680.0 g/株，收获期植株鲜重因叶片枯萎和脱落而有所下降；植株干重随生育期推进而增加，到收获时达最大值55.16 g/株。其中叶鲜重、干重最大值分别出现在播种后55 d、46 d；根鲜重、干重最大值均出现在收获期。研究表明：植株生长前期以叶增重为主，播种后55 d（肉质根膨大盛期）肉质根鲜、干重开始超过叶，从此植株转入以肉质根增重为主的时期，收获时肉质根鲜、干重分别占植株总重量的62.96%、64.72%。

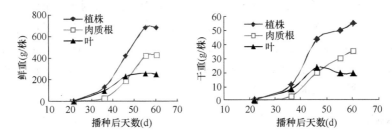

图5-1 心里美萝卜鲜重增长动态　　图5-2 心里美萝卜干重增长动态

表5-3表明：肉质根膨大初期（播种后37~46 d）整株鲜、干重增长最快，该时期增长量分别占总重量的42.61%、59.20%。肉质根鲜、干重均随生育进程而增加，收获期达最大值，分别为427.43 g/株、35.70 g/株。其中，肉质根膨大期根鲜、干重增长显著加快，但增长规律不同：肉质根鲜重在根膨大盛期（播种后47~55 d）增长最快，增长量达总重量的53.34%，之后增长量下降；干重在播种后37~46 d（肉质根膨大初期）增长量最大，占根总重量的48.12%，之后增长逐步减慢。播种后叶的鲜重不断增加，播种后55 d达最大值260.0 g/株，其中叶鲜重增加最快时期为肉质根膨大初期（播种后37~46 d），增长量占总重量的52.21%。收获期地上部叶鲜重因叶枯萎、脱落而下降至最大值的96.70%；干重的增长规律与鲜重不同，叶干重最大值（23.59 g/株）出现在播种后9 d，较鲜重达最大值提前9 d，之后由于叶片含水量的增大，叶中物质向根部转移，叶干重下降，收获时降至最大值的82.49%。叶干重增长最快时期同叶鲜重，增长量占总重量的79.54%。由以上可知，肉质根膨大初期是地上部叶和植株旺盛生长时期，地下部肉质根则相

对滞后 9 d，即肉质根膨大盛期是根的旺盛生长期。

表 5-3 心里美萝卜不同时期鲜、干重增长量

播种后天数（d）	整株				肉质根				叶			
	鲜重		干重		鲜重		干重		鲜重		干重	
	g/株	占总重量比例（%）	g/株	占总重量比例（%）	g/株	占总重量比例（%）	g/株	占总重量比例（%）	g/株	占总重量比例（%）	g/株	占总重量比例（%）
1～22	8.09	1.19	0.76	1.38	0.65	0.15	0.08	0.21	7.44	2.96	0.69	3.53
23～36	124.63	18.36	10.33	18.73	33.33	7.80	2.91	8.15	91.30	36.31	7.42	38.14
37～46	289.28	42.61	32.66	59.20	158.02	36.97	17.18	48.12	131.26	52.21	15.48	79.54
47～55	258.00	38.01	6.41	11.61	228.00	53.34	10.40	29.12	30.00	11.93	-3.99	-20.50
56～60	-1.14	-0.17	5.00	9.06	7.43	1.74	5.14	14.39	-8.57	-3.41	-0.14	-0.71
总计	678.86	100	55.16	100	427.43	100	35.70	100	251.43	100	19.46	100

（二）心里美萝卜的养分吸收特性

由图 5-3～图 5-5 可知，心里美萝卜在生长过程中对养分的吸收量与其鲜、干

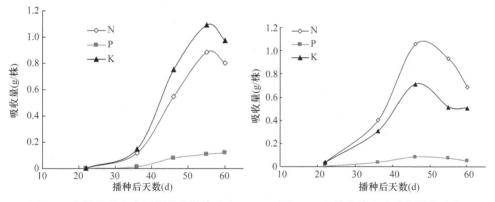

图 5-3 心里美萝卜肉质根养分吸收动态　　图 5-4 心里美萝卜叶养分吸收动态

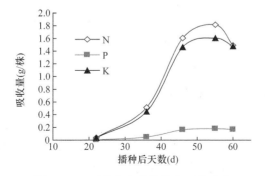

图 5-5 心里美萝卜整株养分吸收动态

重的变化规律相似。整株的 N、P、K 吸收量高峰均出现在播种后 55 d（肉质根膨大盛期），叶的 N、P、K 吸收量在播种后 46 d（肉质根膨大初期）达到最大值，根的 N、K 吸收量高峰出现时期与整株相同，均为播种后 55 d，而根的 P 吸收量高峰则出现在收获期。研究表明，心里美萝卜整株对氮的吸收量最大，钾其次，磷最少，这与张淑霞和吴旭银（1998）的研究结果一致，但叶与肉质根对氮、磷、钾的吸收量大小顺序不同：叶为 N>K>P，肉质根为 K>N>P。单株吸收 N、P、K 量分别为 1.493 g、0.169 g、1.479 g。肉质根产量在 75 812.0 kg/hm² 水平时，每生产 1000 kg 肉质根植株需吸收 N 3.49 kg、P 0.39 kg、K 3.46 kg，比例为 1∶0.11∶0.99，与张淑霞和吴旭银（1998）的研究结果 1∶0.13∶0.48 和国外资料（国际肥料工业协会，1999）1∶0.07∶0.58 都稍有差异，可能由栽培品种、种植密度、施肥水平、产量等不同导致，每公顷植株带走的养分量为 N 264.58 kg、P 29.57 kg、K 262.31 kg。

（三）心里美萝卜不同时期的养分吸收量及比例、速率

整株对 N、P、K 的吸收量因生育期不同而不同（表 5-4）。其中播种后 37~46 d 是 N、P、K 养分吸收率增加最快的主要时期，是整株吸收养分主要时期，分别占整株总吸收量的 73.17%、66.81%和 68.63%，吸收速率（王统正，1990）分别达最大值 109.23 mg/（株·d）、11.27 mg/（株·d）、101.52 mg/（株·d），是养分日累积最快时期；播种后 1~22 d 整株吸收养分量最少，N、P、K 吸收量分别占总吸收量的 2.50%、2.61%、2.39%。另外，在整株养分吸收累积阶段（播种后 1~55 d），不同时期整株对各种养分的吸收量大小顺序相同，均为 N>K>P，N、P、K 比例为 1∶（0.08~0.12）∶（0.67~0.94）。叶和肉质根不同时期养分累积规律与整株情况相似，播种后 37~46 d 是吸收 N、P、K 养分的主要时期，分别占各自总吸收量的 95.86%、96.64%、81.27%和 53.60%、54.92%、62.08%，吸收速率分别达最大值。叶在养分累积阶段（播种后 1~46 d）各生育期吸收 N>K>P，N、P、K 吸收比例为 1∶（0.07~0.11）∶（0.62~0.90），养分吸收量下降阶段（47~60 d）以 N 的减少最多，K 其次，P 最少。根在养分累积阶段（播种后 1~55 d）吸收 N、P、K 养分量大小顺序与地上部叶不同，为 K>N>P，N、P、K 比例为 1∶（0.09~0.22）∶（1.00~1.74）。

（四）心里美萝卜不同时期体内的养分分配

不同时期植株吸收的养分在各器官中的分配比例不同（表 5-5）：播种后 1~36 d，植株吸收的 N、P、K 主要分配在叶内，分别占此时期植株各养分吸收量的 67%以上。此后植株吸收的养分分配到肉质根中的比例迅速增加，到播种后 60 d、55 d、46 d 时肉质根中 N、P、K 的累积量分别开始高于叶，到收获时植

表 5-4 心里美萝卜不同时期的养分吸收量及比例、速率

植株部位	播种后天数(d)	阶段增长量（mg/株）			占总吸收比例（%）			阶段吸收速率[mg/(株·d)]			N : P : K
		N	P	K	N	P	K	N	P	K	
整株	1~22	37.36	4.40	35.30	2.50	2.61	2.39	1.70	0.20	1.60	1 : 0.12 : 0.94
	23~36	477.40	46.45	414.27	31.98	27.53	28.01	34.10	3.32	29.59	1 : 0.10 : 0.87
	37~46	1092.26	112.71	1015.17	73.17	66.81	68.63	109.23	11.27	101.52	1 : 0.10 : 0.93
	47~55	210.48	17.77	141.82	14.10	10.53	9.59	23.39	1.97	15.76	1 : 0.08 : 0.67
	56~60	-324.66	-12.61	-127.42	-21.75	-7.47	-8.61	-64.93	-2.52	-25.48	1 : 0.04 : 0.39
	总计	1492.85	168.72	1479.14	100	100	100				1 : 0.11 : 0.99
叶	1~22	35.28	3.95	31.69	5.10	8.06	6.28	1.60	0.18	1.44	1 : 0.11 : 0.90
	23~36	362.21	32.87	270.41	52.40	67.08	53.55	25.87	2.35	19.32	1 : 0.09 : 0.75
	37~46	662.61	47.36	410.43	95.86	96.64	81.27	66.26	4.74	41.04	1 : 0.07 : 0.62
	47~55	-127.85	-11.67	-197.81	-18.50	-23.82	-39.17	-14.21	-1.30	-21.98	1 : 0.09 : 1.55
	56~60	-241.04	-23.26	-9.71	-34.87	-47.47	-1.92	-48.21	-4.65	-1.94	1 : 0.10 : 0.04
	总计	691.22	49.24	505.00	100	100	100				1 : 0.07 : 0.71
肉质根	1~22	2.07	0.45	3.61	0.26	0.38	0.37	0.09	0.02	0.16	1 : 0.22 : 1.74
	23~36	115.19	13.58	143.86	14.37	11.41	14.77	8.23	0.97	10.28	1 : 0.12 : 1.25
	37~46	429.65	65.36	604.75	53.60	54.92	62.08	42.97	6.54	60.48	1 : 0.15 : 1.41
	47~55	338.33	29.44	339.63	42.21	24.74	34.86	37.59	3.27	37.74	1 : 0.09 : 1.00
	56~60	-83.62	10.65	-117.71	-10.43	8.95	-12.08	-16.72	2.13	-23.54	1 : 0.13 : 1.41
	总计	801.63	119.48	974.13	100	100	100				1 : 0.15 : 1.22

表 5-5　心里美萝卜不同播种天数后的养分分配

播种后天数(d)	N			P			K		
	累积量(mg/株)	分配比例(%)		累积量(mg/株)	分配比例(%)		累积量(mg/株)	分配比例(%)	
		叶	根		叶	根		叶	根
22	37.36	94.45	5.55	4.40	89.75	10.25	35.30	89.78	10.22
36	514.76	77.22	22.78	50.85	72.41	27.59	449.57	67.20	32.80
46	1607.02	65.97	34.03	163.56	51.46	48.54	1464.74	48.65	51.36
55	1817.51	51.29	48.71	181.33	39.98	60.02	1606.56	32.04	67.96
60	1492.85	46.30	53.70	168.72	29.19	70.81	1479.14	34.14	65.86

株吸收的 N、P、K 主要贮藏在肉质根中，分别占植株总吸收量的 53.70%、70.81%、65.86%。

（五）心里美萝卜不同时期的养分含量

不同时期各养分在植株各部位中的含量不同（表 5-6）。N 含量在叶中于播种后 22 d 达最高，在肉质根中于播种后 36 d 达最高，均到收获期降到最低值；P 含量在叶和肉质根中均是于播种后 22 d 达最高，60 d 降至最低；K 在叶中和肉质根的含量分别在播种后 22 d、36 d 达最高，60 d 降为最低。N、P、K 在整个植株中的含量均随生育期而逐渐降低（图 5-6）。同一时期植株养分含量 N>K>P，不同时期 N 在叶中的含量均高于肉质根，而 K 则反之。

表 5-6　心里美萝卜不同播种天数后的养分含量（%，干重）

播种后天数(d)	N			P			K		
	叶	根	整株	叶	根	整株	叶	根	整株
22	5.13	2.71	4.89	0.57	0.59	0.58	4.61	4.72	4.62
36	4.90	3.93	4.64	0.45	0.47	0.46	3.72	4.94	4.05
46	4.49	2.71	3.67	0.36	0.39	0.37	3.02	3.73	3.35
55	4.76	2.90	3.62	0.37	0.36	0.36	2.63	3.57	3.20
60	3.55	2.25	2.71	0.25	0.33	0.31	2.59	2.73	2.68

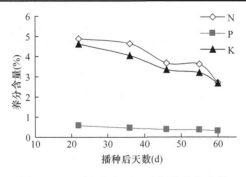

图 5-6　心里美萝卜不同时期的养分含量

心里美萝卜植株鲜、干重以播种后 37~46 d 增长最快，生长前期植株以叶增重为主，播种后 55 d 开始转入以肉质根增重为主的时期。收获时肉质根鲜、干重分别占植株总重量的 62.96%、64.72%。

心里美萝卜整株吸收氮最多，钾其次，磷最少，N、P、K 比例为 1∶0.11∶0.99。目前农民习惯偏施氮肥，少施或不施钾肥，施肥比例和施肥量与作物养分吸收规律不相符合，故可参考本试验结果，增施钾肥，平衡施肥比例，满足不同时期作物对养分的需要，提高产量，改善品质，增强抗病性。

肉质根膨大初期（播种后 37~46 d）是植株吸收养分的主要时期，此期吸收的 N、P、K 量分别占总吸收量的 67% 以上。不同时期植株对各种养分的吸收量及比例有一定差异。生长前期植株吸收的各种养分主要分配到叶内，播种后 60 d、55 d、46 d 时肉质根中 N、P、K 的累积量分别开始高于叶，收获时植株吸收的各种养分主要贮存在肉质根中。

肉质根中 N、P、K 最高含量分别出现在播种后 36 d、22 d、36 d，叶中 N、P、K 含量均在播种后 22 d 达最高；整株 N、P、K 含量均随生育进程而下降。心里美萝卜收获后，地上部叶中 N、P、K 含量分别为 3.55%、0.25%、2.59%，比传统绿肥品种紫云英、苜蓿等养分含量高（张振贤等，1993），作绿肥利用，可减少农村固体废弃物的环境污染，达到用地与养地结合。

二、胡萝卜

供试胡萝卜（*Daucus carota*）品种为黑田七五寸。供试土壤为 10 年菜园土，质地沙壤，前作茄子。土壤基本理化性质为：全氮 1.93 g/kg，硝态氮 19.95 mg/kg，速效 K 278.40 mg/kg，有效 P 129.89 mg/kg，有机质 38.15 g/kg，pH 6.93。2002 年 9 月 2 日播种，露地栽培，12 月 21 日收获，全生育期 110 d。未施有机肥，叶生长盛期施碳铵 562.3 kg/hm^2，肉质根膨大初期施 1124.7 kg/hm^2 普钙、337.4 kg/hm^2 尿素，折合纯 N 250.8 kg/hm^2、P$_2$O$_5$ 191.3 kg/hm^2。田间管理按照常规栽培技术要求进行。

分别于 10 月 25 日（幼苗期）、11 月 10 日（叶生长盛期）、11 月 30 日（肉质根膨大期）、12 月 21 日（收获期）选取有代表性正常植株 10~20 株，分地上部叶和地下部肉质根制样。

（一）胡萝卜的生长动态

收获期平均植株株高 52.1 cm，肉质根根长 15.2 cm，经济产量 39 363 kg/hm^2。胡萝卜鲜、干重增长规律相似，均随生育进程而增加，故仅以干重增长动态为例说明胡萝卜生长动态。整株、叶、肉质根干重均随生长发育进程而增加（图 5-7），到收获期分别达到最大值 22.65 g/株、8.80 g/株、13.85 g/株，收获时肉质根干重占整株总重量的 61.15%。

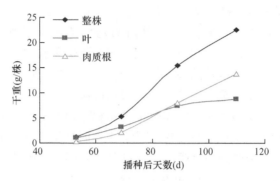

图 5-7　胡萝卜干重增长动态

由表 5-7 可知，播种后 70～89 d，即肉质根膨大盛期是整株、叶和肉质根干重增长最快的时期，该阶段增长量分别占到各自总重量的 44.83%、48.20% 和 42.69%，即在占全生育期不到 1/5 的时期里累积了总重量的 42% 以上，而在这之前的 69 d（占全生育期 3/5）里仅分别累积了总重量的 23.37%、36.75%、14.86%，表明这一时期是植株旺盛生长时期。研究表明：植株生长前期以叶增重为主，播种后 70 d，即进入肉质根膨大盛期肉质根干重开始超过叶，从此植株转入以肉质根增重为主的时期，播种 70 d 以后累积了肉质根干重的 85% 以上。

表 5-7　胡萝卜不同时期干重增长量

播种后天数（d）	整株			叶			肉质根		
	阶段增长量（g/株）	占总重量比例（%）	阶段增长速率[g/(株·d)]	阶段增长量（g/株）	占总重量比例（%）	阶段增长速率[g/(株·d)]	阶段增长量（g/株）	占总重量比例（%）	阶段增长速率[g/(株·d)]
1～53	1.27	5.60	0.02	1.02	11.64	0.02	0.24	1.76	0.01
54～69	4.02	17.77	0.25	2.21	25.11	0.14	1.81	13.10	0.11
70～89	10.15	44.83	0.51	4.24	48.20	0.21	5.91	42.69	0.30
90～110	7.20	31.81	0.34	1.32	15.05	0.06	5.88	42.46	0.28
总计	22.65	100		8.80	100		13.85	100	

（二）胡萝卜的养分吸收特性

由图 5-8～图 5-10 可知，叶、肉质根和整株均以吸收钾最多，其次为氮，最少是磷，这与前人研究结果一致（张秀，2002；陈清等，2003；段玉和王勇，1996）。除叶的氮吸收量在生长后期有所下降外，氮、磷、钾在各部位的吸收量均随生育进程而增加，即除叶的氮吸收量在播种后 89 d 达最大值外，其余各部位养分吸收量均在收获期达最大值。收获期单株氮、磷、钾吸收量分别为 0.408 g、0.068 g、0.729 g，其中地下部肉质根氮、磷、钾吸收量分别占总吸收量的 52.7%、66.2%、54.0%。肉质根产量在 39 363.2 kg/hm^2 水平时，每生产 1000 kg 肉质根植株需吸收 N 3.26 kg、P 0.54 kg、K 5.83 kg，比例为 1：0.17：1.79，每公顷植株带走的养分量为 N 128.3 kg、P 21.3 kg、K 229.5 kg。

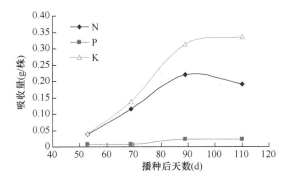

图 5-8　胡萝卜叶养分吸收动态

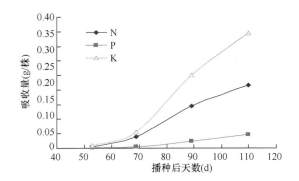

图 5-9　胡萝卜肉质根养分吸收动态

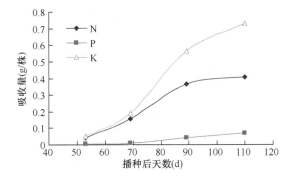

图 5-10　胡萝卜整株养分吸收动态

（三）胡萝卜不同生育期的养分吸收量及比例、速率

整株对 N、P、K 的吸收量因生育期不同而不同（表 5-8），但与干重增长规律相同，都是在播种后 70～89 d（肉质根膨大盛期）吸收养分最多，分别占总吸收量的 51.77%、47.73%、51.06%，同时是吸收速率最大的时期，分别达 10.55 mg/（株·d）、1.61 mg/（株·d）、18.61 mg/（株·d），是整株养分吸收量和日累积量最大的时期。而在占全生育期一半的前 53 d 里仅分别吸收了 N、P、K 总吸收量的 10.23%、10.17%、6.68%。叶对 N、P、K 吸收量最大时期和吸收速率最大时期与整株相同，均为播种后 70～89 d（肉质根膨大盛期），分别占总吸收量的 54.88%、65.88%、52.79%，吸收速率分别达 5.27 mg/（株·d）、0.74 mg/（株·d）、8.83 mg/（株·d）。之后叶吸收氮量下降，出现负增长，可能因叶片枯萎、功能衰减，叶片氮素向地下部转移等，叶片氮的累积吸收量下降。肉质根除磷的吸收量和日累积量最大值出现在肉质根膨大盛期后至收获（播种后 90～110 d）外，氮和钾的吸收量高峰均出现在肉质根膨大盛期（播种后 70～89 d）。值得注意的是，P 在生长后期吸收量（占根总吸收量的 51.10%）和吸收速率[达最大值 1.10 mg/（株·d）]的提高，能促进地上部光合产物向地下部运输，碳水化合物如糖分在根中的累积（张振贤和于贤昌，1996）。不同时期 N、P、K 吸收比例虽稍有差异，但整株、叶和肉质根 N、P、K 吸收总量的比例基本接近，即 1∶（0.12～0.21）∶（1.74～1.83）。

（四）胡萝卜不同时期体内的养分分配

植株不同时期吸收的养分在各器官中的分配比例不同（表 5-9）：播种后 53 d 里，植株吸收的 N、P、K 主要分配在叶，分别占各自总吸收量的 88.83%、81.33%、81.59%。此后分配到根中的养分迅速增加，到播种后 110 d、89 d、110 d 时根中 N、P、K 的累积量分别开始超过叶，到收获时植株吸收的 52.86% N、66.58% P、54.11% K 分配在肉质根中。根中 P 累积量超过叶的时期较 N、K 的时期提前 21 d，这对于磷促进氮和钾的吸收、碳水化合物和氮素代谢与运转以及糖分累积等具有重要意义（陆景陵，2003）。

（五）胡萝卜不同时期的养分含量

从不同部位看（表 5-10），叶、根和整株的养分含量都是 K>N>P。就同一时期看，N、K 的养分含量叶始终高于根，P 在生长前中期叶和根中的含量相当，生长后期根中含量高于叶。整株（图 5-11）、叶和根养分含量均随生长发育推进呈下降趋势。

表 5-8 胡萝卜不同时期的养分吸收量及比例、速率

植株部位	播种后天数 (d)	阶段增长量 (mg/株)			占总吸收量比例 (%)			阶段吸收速率 [mg/(株·d)]			N : P : K
		N	P	K	N	P	K	N	P	K	
整株	1~53	41.69	6.87	48.68	10.23	10.17	6.68	0.79	0.13	0.92	1 : 0.16 : 1.17
	54~69	113.31	4.59	142.73	27.80	6.78	19.58	7.08	0.29	8.92	1 : 0.04 : 1.26
	70~89	210.99	32.27	372.20	51.77	47.73	51.06	10.55	1.61	18.61	1 : 0.15 : 1.76
	90~110	41.55	23.88	165.36	10.20	35.32	22.68	1.98	1.14	7.87	1 : 0.57 : 3.98
	总计	407.54	67.60	728.96	100	100	100				1 : 0.17 : 1.79
叶	1~53	37.03	5.59	39.71	19.28	24.75	11.87	0.70	0.11	0.75	1 : 0.15 : 1.07
	54~69	78.19	1.24	96.95	40.70	5.50	28.99	4.89	0.08	6.06	1 : 0.02 : 1.24
	70~89	105.44	14.88	176.58	54.88	65.88	52.79	5.27	0.74	8.83	1 : 0.14 : 1.67
	90~110	-28.54	0.88	21.24	-14.86	3.87	6.35	-1.36	0.04	1.01	1 : -0.03 : -0.74
	总计	192.11	22.59	334.48	100	100	100				1 : 0.12 : 1.74
肉质根	1~53	4.66	1.28	8.96	2.16	2.85	2.27	0.09	0.02	0.17	1 : 0.28 : 1.92
	54~69	35.12	3.34	45.78	16.30	7.43	11.60	2.20	0.21	2.86	1 : 0.10 : 1.30
	70~89	105.56	17.38	195.63	49.00	38.62	49.59	5.28	0.87	9.78	1 : 0.16 : 1.85
	90~110	70.09	23.00	144.12	32.54	51.10	36.53	3.34	1.10	6.86	1 : 0.33 : 2.06
	总计	215.43	45.01	394.48	100	100	100				1 : 0.21 : 1.83

表 5-9 胡萝卜不同播种天数后的养分分配

播种后天数(d)	N			P			K		
	累积量(mg/株)	分配比例(%)		累积量(mg/株)	分配比例(%)		累积量(mg/株)	分配比例(%)	
		叶	根		叶	根		叶	根
53	41.69	88.83	11.17	6.87	81.33	18.67	48.68	81.59	18.41
69	155.00	74.33	25.67	11.46	59.62	40.38	191.40	71.40	28.60
89	366.00	60.29	39.71	43.73	49.66	50.34	563.61	55.58	44.42
110	407.54	47.14	52.86	67.60	33.42	66.58	728.96	45.89	54.11

表 5-10 胡萝卜不同播种天数后的养分含量(%,干重)

播种后天数(d)	N			P			K		
	叶	根	整株	叶	根	整株	叶	根	整株
53	3.62	1.92	3.29	0.55	0.53	0.54	3.88	3.68	3.84
69	3.56	1.93	2.93	0.21	0.23	0.22	4.23	2.66	3.62
89	2.95	1.82	2.37	0.29	0.28	0.28	4.19	3.14	3.65
110	2.18	1.56	1.80	0.26	0.33	0.30	3.80	2.85	3.22

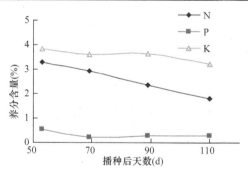

图 5-11 胡萝卜不同时期的养分含量

第三节 白菜类蔬菜鲜干重增长动态和氮磷钾营养吸收特性

一、白菜

供试白菜(*Brassica campestris* ssp. *pekinensis*)品种为鲁春白 83-1。供试土壤为 2 年菜园土,质地黏壤,前作生菜。土壤基本理化性质为:全氮 1.62 g/kg,硝态氮 82.76 mg/kg,速效钾 213.22 mg/kg,有效磷 79.71 mg/kg,有机质 22.14 g/kg,pH 7.86。2002 年 2 月 6 日播种,4 月 25 日收获,全生育期 78 d。露地栽培,起垄薄膜覆盖,行株距为 27 cm×41 cm(90 338 株/hm²)。未施有机肥,底肥施氯化钾 235.9 kg/hm²、普钙 589.7 kg/hm²,间苗后第一次追肥施碳铵 825.5 kg/hm²,结球前期第二次追肥施尿素 589.7 kg/hm²、硫酸钾 353.8 kg/hm²、普钙 589.7 kg/hm²,

折合纯 N 412.4 kg/hm², P$_2$O$_5$ 200.5 kg/hm²、K$_2$O 318.4 kg/hm²。田间管理按照常规栽培技术要求进行。

分别于 3 月 2 日（间苗期）、3 月 23 日（莲座期）、4 月 13 日（结球期）、4 月 25 日（收获期）选取有代表性、正常生长植株 6～10 株地上部，除收获期样品分净菜和废弃物制样外，其余均为地上部混合样。

（一）白菜的生长动态

在本试验条件下，白菜收获期株高 42.0 cm，生物产量 282 750 kg/hm²，经济产量 180 000 kg/hm²。白菜地上部鲜、干重均随生育进程而增加（图 5-12），收获时分别达最大值 3086.7 g/株、156.9 g/株。

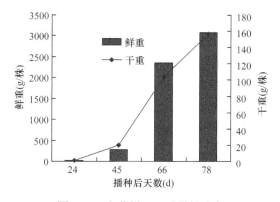

图 5-12　白菜鲜、干重增长动态

表 5-11 表明，播种后 46～66 d 是地上部鲜、干重增长的主要时期，即鲜重的 67.23%、干重的 53.66%是在该时期累积的，同时该期干重增长速率达最大值，为 53.66 g/（株·d），干重增长速率结球期开始急剧上升，到收获期达最大值 4.39 g/（株·d），由此可知，结球期是白菜旺盛生长时期。收获期商品净菜鲜、干重占整株鲜、干重的 68.9%、72.8%。

表 5-11　白菜不同时期鲜、干重增长量

播种后天数（d）	生长期	鲜重			干重		
		阶段增长量（g/株）	占总重量比例（%）	阶段增长速率 [g/（株·d）]	阶段增长量（g/株）	占总重量比例（%）	阶段增长速率 [g/（株·d）]
1～24	幼苗期	9.30	0.30	0.39	0.82	0.52	0.03
25～45	莲座期	265.60	8.60	12.65	19.25	12.27	0.92
46～66	结球期	2075.10	67.23	98.81	84.21	53.66	4.01
67～78	收获期	736.67	23.87	61.39	52.65	33.55	4.39
总计		3086.67	100		156.93	100	

（二）白菜的养分吸收特性

从图 5-13 可知，在生长过程中白菜地上部对养分的吸收量与地上部鲜、干重的增加是一致的。白菜 N、P、K 养分最大吸收量均出现在收获期，对各营养元素的吸收量大小顺序为 K>N>P。研究结果表明，在生物产量为 282 750 kg/hm², 经济产量为 180 000 kg/hm² 水平下，每生产 1000 kg 商品净菜的养分吸收量为 N 1.99 kg、P 0.42 kg、K 3.55 kg, 比例为 1∶0.21∶1.78, 每公顷带走的养分量分别为 N 358.2 kg、P 75.6 kg、K 639.0 kg。

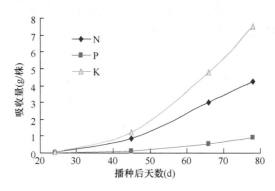

图 5-13　白菜养分吸收动态

（三）白菜不同时期的养分吸收量及比例、速率

表 5-12 表明，单株 N、P、K 的吸收量随生育进程而增加，到收获期时达最大值 4.23 g、0.90 g、7.54 g。播种后 46～66 d（结球期）是养分阶段吸收量最大时期，N、P、K 吸收量分别占总吸收量的 51.95%、45.81%、47.45%，该时期是植株吸收养分的主要时期。在叶球形成的一个月内累积的 N、P、K 量均占总吸收量的 80% 以上，同时是养分吸收最快的时期。因此，结球期对养分的需求最为迫切，是肥料最大效率期，结球期以前施肥增产效果最大。收获期净菜 N、P、K 吸收量分别为 3.34 g/株、0.74 g/株、5.15 g/株，分别占整株吸收量的 78.9%、82.1%、68.3%。

表 5-12　白菜不同时期的养分吸收量及比例、速率

播种后天数（d）	阶段增长量（g/株）			占总吸收量（%）			阶段吸收速率[mg/(株·d)]			N∶P∶K
	N	P	K	N	P	K	N	P	K	
1～24	0.04	0.01	0.06	0.91	0.55	0.79	1.61	0.21	2.49	1∶0.13∶1.55
25～45	0.79	0.11	1.16	18.77	12.12	15.41	37.84	5.21	55.32	1∶0.14∶1.46
46～66	2.20	0.41	3.58	51.95	45.81	47.45	104.70	19.69	170.38	1∶0.19∶1.63
67～78	1.20	0.37	2.74	28.36	41.52	36.35	100.02	31.22	228.39	1∶0.31∶2.28
总计	4.23	0.90	7.54	100	100	100				1∶0.21∶1.78

不同时期植株地上部对各种养分的吸收比例相近，且吸收量均为 K＞N＞P（表 5-12）。全生育期 N、P、K 吸收比例为 1∶0.21∶1.78。

（四）白菜不同时期的养分含量

图 5-14 表明，N、K 在植株地上部含量随生育进程而下降，范围分别为 2.70%～4.69% 和 4.60%～7.27%。P 在植株地上部含量变化不大，范围为 0.51%～0.60%。不同时期养分含量均为 K＞N＞P。收获期净菜 N、P 含量高于废弃物，而 K 则相反，废弃物高于净菜。

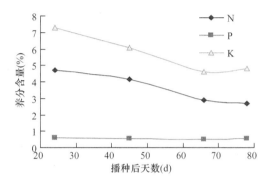

图 5-14　白菜不同时期的养分含量

二、瓢菜

瓢菜（*Brassica chinensis* var. *communis*）属于生育期短的蔬菜，一般全生育期 40 d 左右，故未分不同生育期采样，仅在收获期选取有代表性、正常生长植株 10 株，分净菜和废弃物制样。田间管理按照常规栽培技术要求进行。试验地及瓢菜种植基本情况与试验结果见表 5-13～表 5-15。

表 5-13　试验地基本情况

品种	棚龄（年）	质地	前作	全氮（g/kg）	硝态氮（mg/kg）	速效 K（mg/kg）	有效 P（mg/kg）	有机质（g/kg）	pH	设施条件
华王	1	黏壤	西芹	2.54	137.40	145.58	113.20	37.28	7.64	大棚
华王	3	黏壤	生菜	2.08	188.86	320.74	191.02	34.31	5.07	大棚

表 5-14　瓢菜种植基本情况

播种日期（年/月/日）	收获日期（月/日）	全生育期天数（d）	施肥情况	种植密度（万株/hm²）	株高（cm）	净菜率	生物产量（kg/hm²）	净菜产量（kg/hm²）
2002/5/15	6/22	38	无	48.2	19.6	0.82	51 685.12	43 811.71
2002/3/23	5/7	45	无	70.0	20.5	0.80	94 615.84	71 503.58

表 5-15 瓢菜主要营养生理参数

净菜产量 (kg/hm²)	养分含量（%）			每生产 1000 kg 净菜所需养分量（kg）			吸收带走的养分量 (kg/hm²)			N∶P∶K
	N	P	K	N	P	K	N	P	K	
43 811.71	4.25	0.57	4.63	2.00	0.27	2.19	87.62	11.83	95.95	1∶0.13∶1.09
71 503.58	3.88	0.66	3.80	2.38	0.41	2.33	170.17	29.32	166.60	1∶0.17∶0.98

瓢菜收获期商品净菜鲜、干重分别占整株鲜、干重的 79.71%～81.82%、79.20%～79.56%。净菜中氮、磷、钾的吸收量分别占总吸收量的 82.85%～85.28%、88.0%～88.9%和 80.24%～83.14%。瓢菜 N、K 的吸收量基本接近，P 的吸收量最少，N∶P∶K=1∶（0.13～0.17）∶（0.98～1.09）。植株养分含量 N 和 K 接近，P 最低。净菜中 N、P、K 养分含量都高于废弃物。

由表 5-14 和表 5-15 可见，种植密度对株高、净菜率、植株养分含量、1000 kg 净菜养分吸收量和吸收比例影响不大，但显著影响生物产量，进一步影响单位面积吸收带走的养分量。故适当密植可提高产量、增加养分利用效率和经济效益。

第四节 甘蓝类蔬菜鲜干重增长动态和氮磷钾营养吸收特性

一、甘蓝

甘蓝（*Brassica oleracea* var. *capitata*）于 2002 年 4 月 7 日播种，5 月 7 日定植，7 月 6 日采收，全生育期 90 d。分别于 5 月 7 日（定植期）、6 月 3 日（莲座期）、6 月 22 日（结球期）、7 月 6 日（收获期）选取有代表性、正常生长植株 5～10 株地上部，除收获期样品分净菜和废弃物制样外，其余均为地上部混合样。栽培规格为行株距 35 cm×27 cm（10.5 万株/hm²）。未施有机肥，全生育期施纯 N 259.9 kg/hm²、P_2O_5 266.1 kg/hm²、K_2O 31.3 kg/hm²。田间管理按照常规栽培技术要求进行。其他信息见表 5-16。

表 5-16 几种甘蓝类蔬菜试验地基本情况

作物	品种	棚龄（年）	质地	前作	全氮 (g/kg)	硝态氮 (mg/kg)	速效 K (mg/kg)	有效 P (mg/kg)	有机质 (g/kg)	pH	设施条件
甘蓝	中甘 11 号	5	壤土	白菜	1.67	58.05	107.43	20.26	26.59	7.0	露地
紫甘蓝	比玖	5	壤土	紫甘蓝	1.86	177.10	116.85	73.64	28.48	6.35	露地
花椰菜	高富	12	黏壤	花椰菜	1.88	71.06	211.73	31.64	29.09	7.41	露地
青花菜	玉皇	12	黏壤	尖椒	1.87	32.03	86.62	27.30	31.20	7.84	露地

（一）甘蓝的生长动态

甘蓝收获时叶球直径 15.2 cm，株高 24.2 cm，生物产量 149 065 kg/hm²，净菜产量114 240 kg/hm²。甘蓝地上部鲜、干重均随生育进程而增加（图5-15），收获时分别达最大值1198.0 g/株、68.5 g/株。

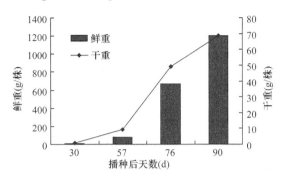

图5-15 甘蓝鲜、干重增长动态

表5-17表明，甘蓝在播种后1~30 d即定植期时，地上部鲜、干重增长量最小，分别仅占总重量的0.68%、1.42%；此后鲜、干重增长显著加快，播种后58~76 d是地上部鲜、干重增长的主要时期，此期鲜、干重的增长量分别占总重量的49.18%、58.46%，同时该期干重增长速率达最大值2.11 g/（株·d）。由此可知，结球期是甘蓝旺盛生长时期。收获期商品净菜鲜、干重占整株鲜、干重的67.45%、60.80%。

表5-17 甘蓝不同时期鲜、干重增长量

播种后天数(d)	生长期	鲜重			干重		
		阶段增长量（g/株）	占总重量比例（%）	阶段增长速率[g/（株·d）]	阶段增长量（g/株）	占总重量比例（%）	阶段增长速率[g/（株·d）]
1~30	定植期	8.20	0.68	0.27	0.97	1.42	0.03
31~57	莲座期	72.64	6.06	2.69	8.24	12.04	0.31
58~76	结球期	589.16	49.18	31.01	40.04	58.46	2.11
77~90	收获期	528.00	44.07	37.71	19.24	28.09	1.37
总计		1198.00	100		68.50	100	

（二）甘蓝的养分吸收特性

从图5-16可知，在生长过程中甘蓝的养分吸收量与生长量的增加是一致的，不同养分的吸收量虽不同，但吸收动态是一样的，均呈"S"形曲线。甘蓝N、P、K养分最大吸收量均出现在收获期，对各营养元素的吸收量大小顺序为N＞K＞P。在净菜产量114 240 kg/hm²水平下，每生产1000 kg商品净菜的养分吸收量为N 2.39 kg、P 0.16 kg、K 1.69 kg，比例为1∶0.07∶0.71，每公顷带走的养分量分别为N 273.0 kg、P 18.3 kg、K 193.1 kg。

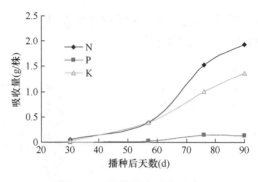

图 5-16 甘蓝养分吸收动态

(三) 甘蓝不同时期的养分吸收量及比例、速率

播种后 58~76 d (表 5-18) 即结球期是甘蓝养分吸收量和吸收速率急剧上升并达最大的时期,特别是 P,该期吸收了总磷量的 90% 以上,是植株吸收养分的主要时期,为营养元素吸收量最大时期。P 在结球期后吸收量下降,表明 P 的吸收主要集中在结球期,磷肥应作基肥并应早施,以满足植株生长前期对磷的需要。收获期单株地上部吸收 N、P、K 量分别为 1.931 g、0.128 g、1.367 g,其中净菜 N、P、K 吸收量分别占整株地上部吸收量的 54.9%、65.1%、62.8%。

表 5-18 甘蓝不同时期的养分吸收量及比例、速率

播种后天数(d)	阶段增长量(mg/株)			占总吸收量比例(%)			阶段吸收速率[mg/(株·d)]			N:P:K
	N	P	K	N	P	K	N	P	K	
1~30	47.11	2.16	28.85	2.44	1.69	2.11	1.57	0.07	0.96	1:0.05:0.61
31~57	344.31	29.70	365.77	17.83	23.22	26.75	12.75	1.10	13.55	1:0.09:1.06
58~76	1139.78	116.25	618.49	59.04	90.88	45.24	59.99	6.12	32.55	1:0.10:0.54
77~90	399.44	-20.20	354.16	20.69	-15.79	25.90	28.53	-1.44	25.30	1:-0.05:0.89
总计	1930.64	127.91	1367.27	100	100	100				1:0.07:0.71

除莲座期(播种后 31~57 d)N、K 吸收比例约为 1:1 外,其余时期均为 N>K>P,收获期整株 N、P、K 吸收比例为 1:0.07:0.71 (表 5-18)。

(四) 甘蓝不同时期的养分含量

N、K 在植株体内含量随生育进程而下降 (图 5-17),范围分别在 2.8%~4.8% 和 2.00%~2.96%。P 在植株体内含量进入莲座期后上升,之后下降,到收获期达最低 0.19%。同一时期植株体内养分含量是 N>K>P,收获期净菜 P、K 含量高于废弃物,而 N 则相反。

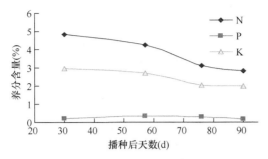

图 5-17 甘蓝不同时期的养分含量

二、紫甘蓝

紫甘蓝（*Brassica oleracea* var. *rubra*）于 2002 年 5 月 6 日播种，6 月 2 日定植，8 月 14 日采收，全生育期 100 d。分别于 6 月 2 日（定植期）、7 月 3 日（莲座期）、8 月 2 日（结球期）、8 月 14 日（收获期）选取有代表性、正常生长植株 5~28 株地上部，除收获期样品分净菜和废弃物制样外，其余均为地上部混合样。栽培规格为行株距 40 cm×22 cm（11.3 万株/hm²）。未施有机肥，全生育期施纯 N 178.9 kg/hm²、K₂O 178.9 kg/hm²，未施磷肥。田间管理按照常规栽培技术要求进行。其他信息见表 5-16。

（一）紫甘蓝的生长动态

紫甘蓝收获时叶球直径 16.0 cm，株高 45.0 cm，生物产量 162 000 kg/hm²，净菜产量 99 000 kg/hm²。紫甘蓝地上部鲜、干重均随生育进程而增加（图 5-18），收获时分别达最大值 2910.0 g/株、223.84 g/株。

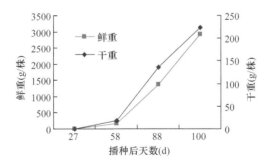

图 5-18 紫甘蓝鲜、干重增长动态

紫甘蓝鲜、干重增长规律不完全一致（表 5-19），植株鲜重随生长发育阶段增长量和增长速率不断增加，在收获期增加量最大且增长速率最快，占总鲜重的 52.81%，增长速率达 128.06 g/（株·d）。干重阶段增长量最大时期是结球期，占总干重的 52.10%，但增长最快时期是在收获期，达 7.37 g/（株·d）。以上结果表明，结球期是紫甘蓝干重增长主要时期,收获期虽干重增长速率最快,但含水量上升,该期鲜重增长量最大,增长速率最快,但同期干重增长量减少。收获期商品净菜鲜、干重占整株鲜、干重的61.17%、54.08%。

表 5-19 紫甘蓝不同生长期鲜、干重增长量

播种后天数(d)	生长期	鲜重			干重		
		阶段增长量(g/株)	占总重量比例(%)	阶段增长速率[g/(株·d)]	阶段增长量(g/株)	占总重量比例(%)	阶段增长速率[g/(株·d)]
1~27	定植期	3.82	0.13	0.14	0.34	0.15	0.01
28~58	莲座期	164.48	5.65	5.31	18.46	8.25	0.60
59~88	结球期	1205.03	41.41	40.17	116.62	52.10	3.89
89~100	收获期	1536.67	52.81	128.06	88.42	39.50	7.37
总计		2910	100		223.84	100	

(二) 紫甘蓝的养分吸收特性

由图 5-19 可知,紫甘蓝在生长过程中对养分的吸收量是不断增加的,N、K 吸收量曲线在全生育期几乎完全重合。紫甘蓝 N、P、K 养分最大吸收量均出现在收获期,对各营养元素的吸收量大小顺序为 N≈K>P,这与其他蔬菜的养分吸收特性不同。研究结果表明,在生物产量为 162 000 kg/hm^2、净菜产量为 99 000 kg/hm^2 水平下,每生产 1000 kg 商品净菜的养分吸收量为 N 3.92 kg、P 0.44 kg、K 3.90 kg,比例为 1∶0.11∶1.00,每公顷带走的养分量分别为 N 388.08 kg、P 43.56 kg、K 386.10 kg。

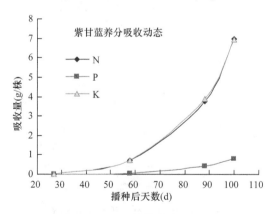

图 5-19 紫甘蓝养分吸收动态

(三) 紫甘蓝不同时期的养分吸收量及比例、速率

紫甘蓝收获时单株地上部吸收 N、P、K 量分别为 6.97 g、0.79 g、6.94 g (表 5-20),

其中净菜 N、P、K 吸收量分别占总吸收量的 60.5%、51.0%、50.4%。紫甘蓝对 N、P、K 养分的主要吸收时期不一致，N 的阶段吸收量最大时期是收获期，而 P、K 为结球期，N、P、K 阶段吸收速率都是在收获期达到最高峰。但播种后 59 d 开始三元素养分吸收量和吸收速率都急剧上升并一直持续到收获。可见，结球期对养分的需求最为迫切，是营养最大效率期，在此期前施肥增产效果最大。

表 5-20　紫甘蓝不同时期的养分吸收量及比例、速率

播种后天数(d)	阶段增长量（g/株）			占总吸收量（%）			阶段吸收速率[mg/（株·d）]			N∶P∶K
	N	P	K	N	P	K	N	P	K	
1～27	0.02	0.002	0.02	0.23	0.21	0.23	0.60	0.06	0.60	1∶0.10∶0.99
28～58	0.70	0.06	0.72	10.03	7.37	10.40	22.55	1.87	23.28	1∶0.08∶1.03
59～88	3.05	0.38	3.16	43.75	48.08	45.51	101.68	12.62	105.31	1∶0.12∶1.04
89～100	3.21	0.35	3.05	46.00	44.34	43.87	267.29	29.09	253.78	1∶0.11∶0.95
总计	6.97	0.79	6.94	100	100	100				1∶0.11∶1.00

不同时期植株地上部对各种养分的吸收比例基本接近，全生育期 N、P、K 吸收比例为 1∶0.11∶1.00。

（四）紫甘蓝不同时期的养分含量

由图 5-20 可见，N、P、K 含量除收获期稍有上升外，均随生育进程而下降，范围分别在 2.78%～4.68%、0.31%～0.48% 和 2.88%～4.62%。其中 N、K 含量曲线基本重合，且约是 P 含量的 10 倍。收获期净菜 N 含量高于废弃物，而 P、K 则相反。

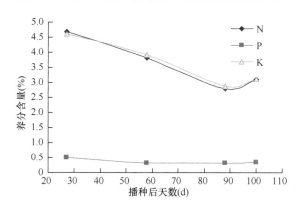

图 5-20　紫甘蓝不同时期的养分含量

三、花椰菜

花椰菜（*Brassica oleracea* var. *botrytis*）又名花菜或菜花，是十字花科芸薹属

甘蓝种中以花球为产品的一个变种，一二年生草本植物，由结球甘蓝演化而来。花椰菜于2002年2月20日播种，3月24日定植，6月5日采收，全生育期105 d。分别于3月24日（定植期）、4月12日（莲座前期）、5月2日（莲座后期）、5月17日（结球期）、6月5日（收获期）选取有代表性、正常生长植株5～10株地上部，除收获期样品分净菜和废弃物制样外，其余均为地上部混合样。栽培规格为行株距40 cm×35 cm（71 432株/hm²）。未施有机肥，全生育期施纯N 404.1 kg/hm²、K_2O 153.1 kg/hm²，未施磷肥。田间管理按照常规栽培技术要求进行。其他信息见表5-16。

（一）花椰菜的生长动态

花椰菜收获时叶球直径17.0 cm，株高64.0 cm，生物产量149 901.0 kg/hm²，净菜产量71 813.0 kg/hm²。花椰菜地上部鲜、干重均随生育进程而增加（图5-21），收获时分别达最大值2142.00 g/株、167.07 g/株。

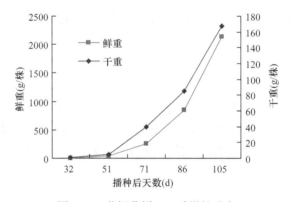

图5-21 花椰菜鲜、干重增长动态

花椰菜鲜、干重增长规律完全一致（表5-21），植株鲜、干重均随生长发育阶段增长量和增长速率不断增加，从莲座后期开始阶段增加量和增长速率急剧上升，并一直持续到收获，收获期鲜、干重的阶段增长量和增长速率达最大值：该期鲜重增长量占总鲜重的60.32%，增长速率达68.00 g/（株·d）；该期干重增长量占总干重的48.78%，增长速率达4.29 g/（株·d）。在结球的35 d中累积了鲜、干重的88%和76%，表明结球期是花椰菜生长旺盛时期。收获期商品净菜鲜、干重占整株鲜、干重的44.35%、40.00%。可见，废弃物占整个植株的绝大部分。

（二）花椰菜的养分吸收特性

从图5-22可知，花椰菜在生长过程中对养分的吸收量是不断增加的，N、K吸收量在全生育期呈平行增长。花椰菜N、P、K养分最大吸收量均出现在收获期，

表 5-21 花椰菜不同时期鲜、干重增长量

播种后天数（d）	生长期	鲜重			干重		
		阶段增长量（g/株）	占总重量比例（%）	阶段增长速率[g/（株·d）]	阶段增长量（g/株）	占总重量比例（%）	阶段增长速率[g/（株·d）]
1～32	定植期	6.68	0.31	0.21	0.75	0.45	0.02
33～51	莲座前期	27.23	1.27	1.43	4.05	2.42	0.21
52～71	莲座后期	216.09	10.09	10.81	34.76	20.81	1.74
72～86	结球期	600.00	28.01	40.00	46.02	27.54	3.07
87～105	收获期	1292.00	60.32	68.00	81.50	48.78	4.29
总计		2142.00	100		167.07	100	

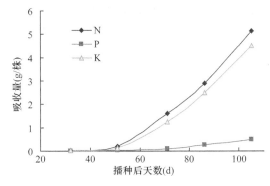

图 5-22 花椰菜养分吸收动态

分别为 5.15 g/株、0.50 g/株、4.53 g/株，即各营养元素的吸收量大小顺序为 N＞K＞P。研究结果表明，在净菜产量为 71 813.0 kg/hm² 水平下，每生产 1000 kg 商品净菜的养分吸收量为 N 5.42 kg、P 0.53 kg、K 4.77 kg，比例为 1∶0.10∶0.88，每公顷带走的养分量分别为 N 389.23 kg、P 38.06 kg、K 342.55 kg。

（三）花椰菜不同时期的养分吸收量及比例、速率

由表 5-22 可知，花椰菜收获时单株地上部吸收 N、P、K 量分别为 5.15 g、0.502 g、4.53 g，其中净菜 N、P、K 吸收量分别占总吸收量的 41.45%、47.97%、40.32%，表明整株吸收的养分 60% 以上集中在废弃物。花椰菜不同时期对 N、P、K 养分吸收量的变化规律与鲜、干重的增长变化规律相似，即随生育进程的推进，不同时期养分的阶段吸收量和吸收速率均不断上升，特别是播种后 52 d（进入莲座后期）开始急剧上升，并一直持续到收获期达到高峰。结球的一个多月 N、P、K 吸收量分别占总吸收量的 68.42%、77.50%、72.21%，同时也是养分吸收最快的时期。因此，莲座后期保证肥料的供给对增产增收具有重要意义。

表 5-22 花椰菜不同时期的养分吸收量及比例、速率

播种后天数（d）	阶段增长量（g/株）			占总吸收量比例（%）			阶段吸收速率[mg/（株·d）]			N：P：K
	N	P	K	N	P	K	N	P	K	
1～32	0.03	0.003	0.03	0.61	0.54	0.71	0.99	0.08	1.00	1：0.09：1.02
33～51	0.18	0.014	0.11	3.45	2.86	2.40	9.34	0.75	5.71	1：0.08：0.61
52～71	1.42	0.096	1.12	27.53	19.11	24.68	70.89	4.80	55.91	1：0.07：0.79
72～86	1.28	0.137	1.23	24.89	27.25	27.20	85.47	9.12	82.16	1：0.11：0.96
87～105	2.24	0.252	2.04	43.53	50.25	45.01	118.00	13.28	107.32	1：0.11：0.91
总计	5.15	0.502	4.53	100	100	100				1：0.10：0.88

生长初期（定植前苗期）氮、钾的吸收量相当，为 1：1。以后不同时期植株地上部对氮的吸收都高于钾，N、P、K 吸收比例基本接近，为 1：（0.07～0.11）：（0.61～0.96），全生育期 N、P、K 吸收比例为 1：0.10：0.88。

（四）花椰菜不同时期的养分含量

由图 5-23 可见，N、P、K 含量均随生育进程而下降，范围分别为 3.08%～4.22%、0.29%～0.36% 和 2.71%～4.29%。除播种后 32 d N、K 含量相近外，同一时期养分含量均为 N>K>P。收获期净菜 N、P、K 含量均高于废弃物。

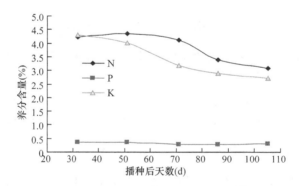

图 5-23 花椰菜不同时期的养分含量

四、青花菜

青花菜（*Brassica oleracea* var. *italica*）于 2001 年 12 月 15 日播种，2002 年 1 月 31 日定植，4 月 13 日采收，全生育期 119 d。分别于 1 月 31 日（定植期）、2 月 19 日（莲座期）、3 月 10 日（结球前期）、3 月 30 日（结球中期）、4 月 13 日（收获期）选取有代表性、正常生长植株 5～10 株地上部，除收获期样品分净菜和废弃物制样外，其余均为地上部混合样。栽培规格为行株距 44 cm×36 cm（63 134 株/hm²）

未施有机肥，全生育期施纯 N 587.3 kg/hm²、P$_2$O$_5$ 303.6 kg/hm²，未施钾肥。田间管理按照常规栽培技术要求进行。其他信息见表 5-16。

（一）青花菜的生长动态

青花菜收获时株高 64.2 cm，生物产量 103 832 kg/hm²，净菜产量 22 281 kg/hm²。地上部鲜、干重均随生育进程而增加（图 5-24），收获时分别达最大值 1645.0 g/株、170.6 g/株，而其中废弃物鲜、干重占不到 80%，净菜鲜干重仅分别占 21.5%、20.1%。

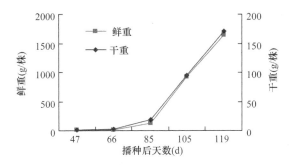

图 5-24 青花菜鲜、干重增长动态

青花菜前期生长缓慢（表 5-23），在长达 2 个多月的生长期内，鲜、干重增长量仅分别占总重量 0.81%、1.23%。从播种后 67 d 即结球前期开始，增长量迅速增加，并一直持续到收获。在 34 d 的结球中期到收获期内，分别累积了总鲜、干重的 92.32% 和 88.82%。故结球中期是生长转折点，从此期进入旺盛生长时期。结球中期是鲜、干重阶段增长量最大时期。鲜、干重阶段增长速率随生育期推进不断增加，尤其在结球中期增长速率急剧提高，到收获期达最大值 51.43 g/（株·d）和 5.43 g/（株·d）。

表 5-23 青花菜不同时期鲜、干重增长量

播种后天数（d）	生长期	鲜重			干重		
		阶段增长量（g/株）	占总重量比例（%）	阶段增长速率[g/（株·d）]	阶段增长量（g/株）	占总重量比例（%）	阶段增长速率[g/（株·d）]
1～47	定植期	8.11	0.49	0.17	1.27	0.74	0.03
48～66	莲座前期	5.20	0.32	0.27	0.84	0.49	0.04
67～85	莲座后期	113.10	6.88	5.95	16.96	9.94	0.89
86～105	结球期	798.60	48.55	39.93	75.56	44.28	3.78
106～119	收获期	720.00	43.77	51.43	76.00	44.54	5.43
总计		1645.01	100		170.64	100	

(二)青花菜的养分吸收特性

从图 5-25 可知,青花在生长过程中对 N 的吸收最多,其次是 K,最少是 P。养分的吸收量随生长发育不断增加,到收获时达最大养分吸收量。研究结果表明,在生物产量为 103 832 kg/hm², 净菜产量为 22 281 kg/hm² 水平下,每生产 1 000 kg 商品净菜的养分吸收量为 N 18.28 kg、P 1.78 kg、K 10.09 kg, 比例为 1∶0.10∶0.55, 每公顷带走的养分量分别为 N 407.30 kg、P 39.66 kg、K 224.82 kg。

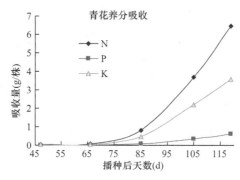

图 5-25 青花菜养分吸收动态

(三)青花菜不同时期的养分吸收量及比例、速率

青花菜收获时单株地上部吸收 N、P、K 量分别为 6.45 g、0.63 g、3.56 g, 其中净菜 N、P、K 吸收量仅分别占总吸收量的 22.08%、27.31%、21.60%, 可见, 高达 80% 以上的养分集中在废弃物。青花菜对 N、P、K 养分吸收量的变化规律同鲜、干重增长变化规律, 在 2 个多月的生长初期仅分别吸收了总量的 1.40%、1.05%、1.12%(表 5-24)。播种后 67 d 即进入莲座后期开始, 吸收量和吸收速率迅速增加, N、P、K 吸收量在结球期达高峰, 而吸收速率从该期起急剧上升直到收获时达最高。在结球到收获的 34 d 累积了 N、P、K 总吸收量的 87.28%、88.39% 和 86.74%。可见, 从莲座后期开始青花菜对养分的需求增大, 在此期及时补充养分是促进产品器官花球形成和产量提高的关键。

不同时期植株地上部对各种养分的吸收量都是 N>K>P, 吸收比例基本接近, 全生育期 N、P、K 吸收比例为 1∶0.10∶0.55。

(四)青花菜不同时期的养分含量

由图 5-26 可见, N、P、K 含量有随生育进程而下降的趋势(收获时养分含量最低), 但变化规律不明显, N、P、K 含量变化幅度不大, 分别在 3.78%~4.30%、0.29%~0.52%, 和 2.09%~2.91%。同一时期养分含量 N>K>P。收获期净菜 N、P、K 含量均高于废弃物。

表 5-24　青花菜不同时期的养分吸收量及比例、速率

播种后天数（d）	阶段增长量（mg/株）			占总吸收量比例（%）			阶段吸收速率[mg/（株·d）]			N : P : K
	N	P	K	N	P	K	N	P	K	
1~47	51.78	6.21	36.87	0.80	0.99	1.03	1.10	0.13	0.78	1 : 0.12 : 0.71
48~66	38.74	0.37	3.09	0.60	0.06	0.09	2.04	0.02	0.16	1 : 0.01 : 0.08
67~85	730.40	66.26	432.66	11.32	10.57	12.14	38.44	3.49	22.77	1 : 0.09 : 0.59
86~105	2884.43	279.57	1726.64	44.69	44.59	48.46	144.22	13.98	86.33	1 : 0.10 : 0.60
106~119	2748.58	274.63	1363.99	42.59	43.80	38.28	196.33	19.62	97.43	1 : 0.10 : 0.50
总计	6453.93	627.04	3563.26	100	100	100				1 : 0.10 : 0.55

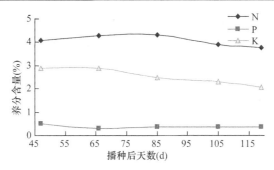

图 5-26　青花菜不同时期的养分含量

第五节　绿叶类蔬菜鲜干重增长动态和氮磷钾营养吸收特性

几种绿叶蔬菜试验地基本情况列于表 5-25。

表 5-25　几种绿叶蔬菜试验地基本情况

作物	品种	棚龄（年）	质地	前作	全氮（g/kg）	硝态氮（mg/kg）	速效 K（mg/kg）	有效 P（mg/kg）	有机质（g/kg）	pH	设施条件
西芹	PS	3	黏壤	满天星	2.93	441.72	275.90	87.40	45.52	5.92	大棚
生菜	PS	2	黏壤	生菜	2.42	46.32	112.39	256.38	37.56	7.24	大棚
莴笋	苦荬叶	3	黏壤	青蒜	2.50	216.04	209.00	82.65	33.64	6.1	露地
荷兰芹		8	砂壤	豌豆尖	1.79	136.56	166.89	50.58	28.76	6.39	大棚
菠菜	益农	4	壤土	西芹	2.91	138.14	242.21	256.62	51.55	6.20	大棚
豌豆尖	黑芽豌豆	12	壤土	紫甘蓝	1.72	19.21	135.92	63.22	28.45	6.77	露地

一、西芹

西芹（*Apium gravelens* var. *dulce*）于 2001 年 11 月 15 日播种，2002 年 2 月

28 日定植，6 月 4 日收获，全生育期 202 d。分别于 2 月 28 日（幼苗期）、3 月 30 日（叶丛生育初期）、4 月 25 日（叶丛生育盛期）、5 月 11 日（心叶充实期）、6 月 4 日（收获期）选取有代表性、正常生长植株 5～10 株地上部，除收获期样品分净菜和废弃物制样外，其余均为地上部混合样。栽培规格为行株距 35 cm×30 cm（91 671 株/hm²）。未施有机肥，全生育期施纯 N 450 kg/hm²、P_2O_5 225 kg/hm²、K_2O 540 kg/hm²。田间管理按照常规栽培技术要求进行。其他信息见表 5-25。

（一）西芹的生长动态

西芹收获时茎基周长 30.2 cm，株高 82.1 cm，生物产量 148 696 kg/hm²，净菜产量 127 890 kg/hm²。西芹地上部鲜、干重均随生育进程而增加（图 5-27），收获时分别达最大值 1616.67 g/株、98.14 g/株。其中净菜鲜、干重均分别占总、鲜干重的 65%。

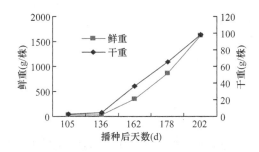

图 5-27　西芹鲜、干重增长动态

西芹在长达 105 d（占全生育期 1/2）的幼苗期生长十分缓慢（表 5-26），仅分别积累了总鲜、干重的 2.09%和 3.11%。播种后 106～136 d 是幼苗定植到大田后缓苗并开始恢复生长、发棵抽生新叶进入叶丛生育初期的阶段，受移栽时根系受损、老叶枯萎死亡的影响，该阶段生长缓慢，阶段增长量和增长速率明显下降，鲜、干重仅分别占总鲜、干重的 0.08%、1.90%，由于该期老叶枯萎、新叶抽生缓慢，含水量降低，干重增长量和增长速率均超过鲜重。从叶丛生育盛期开始（播种后 137～162 d）植株进入旺盛生长阶段，此后不同时期鲜、干重增长量和增长速率都呈上升趋势，到收获时达高峰，即收获期是西芹鲜、干重增长量最大和增长速率最快的时期。其中心叶充实起至收获的 40 d 内积累了总、鲜干重的 78%和 63%，可见，在不到全生育期 1/5 的时间里积累了生长量的 62%以上。

（二）西芹的养分吸收特性

从图 5-28 可知，西芹在生长过程中对养分的吸收量是不断增加的，到收获期达最大值，其中对 K 的吸收量最大，其次是 N，最少是 P。研究结果表明，在生

表 5-26　西芹不同时期鲜、干重增长量

播种后天数（d）	生长期	鲜重			干重		
		阶段增长量（g/株）	占总重量比例（%）	阶段增长速率[g/（株·d）]	阶段增长量（g/株）	占总重量比例（%）	阶段增长速率[g/（株·d）]
1～105	幼苗期	33.87	2.09	0.32	3.05	3.11	0.03
106～136	叶丛生育初期	1.21	0.08	0.04	1.86	1.90	0.06
137～162	叶丛生育盛期	314.92	19.48	12.11	31.70	32.30	1.22
163～178	心叶充实期	516.67	31.96	32.29	28.51	29.05	1.78
179～202	收获期	750.00	46.39	31.25	33.02	33.65	1.38
总计		1616.67	100		98.14	100	

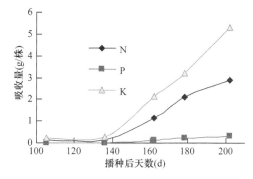

图 5-28　西芹养分吸收动态

物产量为 148 696 kg/hm^2、净菜产量为 127 890 kg/hm^2 水平下，每生产 1000 kg 商品净菜的养分吸收量为 N 2.79 kg、P 0.30 kg、K 4.74 kg，比例为 1∶0.11∶1.70，每公顷带走的养分量分别为 N 356.81 kg、P 38.37 kg、K 606.20 kg。

（三）西芹不同时期的养分吸收量及比例、速率

西芹收获时单株地上部吸收 N、P、K 量分别为 2.90 g、0.33 g、5.30 g，其中净菜 N、P、K 吸收量分别占总吸收量的 67.2%、72.6%、66.2%。和生长动态的变化规律相似，西芹在长达 105 d（占全生育期 1/2）的幼苗期生长十分缓慢，N、P、K 吸收量仅占总吸收量的 4.23%、5.43%、3.99%（表 5-27）。受移栽影响，播种后 106～136 d 是幼苗定植到大田后的缓苗过程，该阶段生长缓慢，养分吸收量和吸收速率明显下降，吸收量占总吸收量不到 2%，吸收速率除 K 外，N、P 均降至最低。播种后 137 d 植株进入旺盛生长阶段，此后不同时期各养分吸收量和吸收速率都急剧上升，并保持较高水平直至收获，尤其是 K，不仅吸收量大，而且生育中后期吸收速率持续上升，这对于促进光合作用和光合产物向产品器官运输、心叶膨大充实具有重要意义。N、P、K 养分的吸收量高峰出现时间一致，即播种后 137～178 d（叶丛生育盛期-心叶充实期）的 42 d 里植株吸收了总吸收量中 67.61% 的 N、

62.43%的 P 和 55.26%的 K。吸收速率在该期达最高，平均达每天吸收 N 49.10 mg/株、P 5.25 mg/株、K 69.16 mg/株，之后 N 的吸收速率下降，P 保持平稳直至收获，K 持续上升。可见，定植缓苗后，即在植株进入叶丛生育盛期前及时追肥，在保证 N 肥供应的同时施足 K 肥，对于光合器官的建成和光合产物向产品器官的转运、心叶充实和膨大具有重要意义。

表 5-27 西芹不同时期的养分吸收量及比例、速率

播种后天数（d）	阶段增长量（mg/株）			占总吸收量比例（%）			阶段吸收速率[mg/（株·d）]			N∶P∶K
	N	P	K	N	P	K	N	P	K	
1～105	122.69	18.07	211.55	4.23	5.43	3.99	1.17	0.17	2.01	1∶0.15∶1.72
106～136	25.99	3.45	85.73	0.90	1.04	1.62	0.84	0.11	2.77	1∶0.13∶3.30
137～162	1011.91	102.82	1865.80	34.90	30.91	35.18	38.92	3.95	71.76	1∶0.10∶1.84
163～178	948.50	104.82	1065.00	32.71	31.52	20.08	59.28	6.55	66.56	1∶0.11∶1.12
179～202	790.37	103.46	2075.90	27.26	31.11	39.14	32.93	4.31	86.50	1∶0.13∶2.63
总计	2899.45	332.62	5304.00	100	100	100				1∶0.12∶1.83

不同时期植株地上部对各种养分的吸收比例基本接近，N、P、K 吸收比例为 1∶（0.10～0.15）∶（1.12～3.30），全生育期为 1∶0.12∶1.83。

（四）西芹不同时期的养分含量

由图 5-29 可见，尽管 N 含量在生育中期稍有上升，但整体趋势 N、P、K 含量均随生育进程而下降，范围分别在 2.95%～3.85%、0.34%～0.57%和 5.40%～6.63%，其中 K 含量是 N 含量的近 2 倍。收获期净菜 N、P、K 含量均高于废弃物。

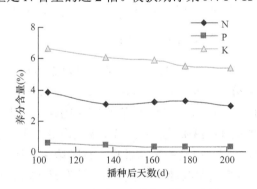

图 5-29 西芹不同时期的养分含量

二、生菜

生菜（*Lactuca sativa* spp.）于 2002 年 2 月 2 日播种，4 月 25 日采收，全生育

期82 d。分别于3月2日（幼苗期）、3月23日（莲座期）、4月13日（结球期）、4月25日（收获期）选取有代表性、正常生长植株5~10株地上部，除收获期样品分净菜和废弃物制样外，其余均为地上部混合样。栽培规格为行株距38 cm×30 cm（87 723株/hm²）。未施有机肥，全生育期施纯N 240 kg/hm²、P_2O_5 120 kg/hm²、K_2O 300 kg/hm²。田间管理按照常规栽培技术要求进行。其他信息见表5-25。

（一）生菜的生长动态

生菜采收时平均株高26.2 cm，叶球直径14.9 cm，生物产量96 918.44 kg/hm²，净菜产量82 841.40 kg/hm²。生菜地上部鲜、干重均随生育进程而增加（图5-30），收获时单株鲜、干重分别为1126.67 g/株、58.12 g/株，净菜鲜、干重分别占总重量的75.10%、66.46%。

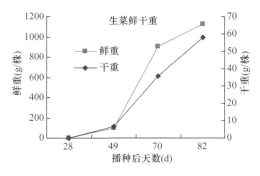

图5-30 生菜鲜、干重增长动态

生菜幼苗期生长缓慢，鲜、干重仅分别累积了总重量的0.20%、0.27%（表5-28）。莲座期开始，生菜生长加快，结球期是鲜重增长量最大和增长最快时期，增长量占总鲜重的71.37%，平均每天增长38.29 g/株；干重阶段增长量最大时期是结球期，占总干重的49.54%，增长最快时期是收获期，平均每天增长1.88 g/株。以上结果表明，结球期是生菜旺盛生长期和鲜、干重累积主要时期。

表5-28 生菜不同时期鲜、干重增长量

播种后天数（d）	生长期	鲜重			干重		
		阶段增长量（g/株）	占总重量比例（%）	阶段增长速率[g/（株·d）]	阶段增长量（g/株）	占总重量比例（%）	阶段增长速率[g/（株·d）]
1~28	幼苗期	2.25	0.20	0.08	0.16	0.27	0.01
29~49	莲座期	97.02	8.61	4.62	6.58	11.32	0.31
50~70	结球期	804.07	71.37	38.29	28.80	49.54	1.37
71~82	收获期	223.33	19.82	18.61	22.59	38.86	1.88
总计		1126.67	100		58.12	100	

（二）生菜的养分吸收特性

从图 5-31 可知，生菜在生长过程中对养分的吸收量是不断增加的。收获时单株 N、P、K 最大吸收量分别为 1.43 g、0.25 g、1.96 g，其中净菜 N、P、K 吸收量分别占 59.61%、69.92%、49.45%。各营养元素的吸收量大小顺序为 K>N>P。研究结果表明，在生物产量为 96 918.44 kg/hm^2、净菜产量为 82 841.40 kg/hm^2 水平下，每生产 1000 kg 商品净菜的养分吸收量为 N 1.77 kg、P 0.29 kg、K 2.55 kg，比例为 1∶0.16∶1.44，每公顷带走的养分量分别为 N 146.63 kg、P 24.02 kg、K 211.24 kg。

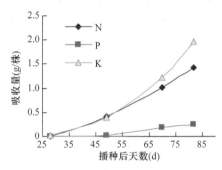

图 5-31　生菜养分吸收动态

（三）生菜不同时期的养分吸收量及比例、速率

由表 5-29 可见，幼苗期各养分吸收量很少，均仅占总吸收量的 0.6% 以下。莲座期开始吸收量迅速上升，到结球期达高峰，即播种后 50～70 d 是养分吸收量最大时期，在全生育期 1/4 的时间里吸收了 N、P、K 总吸收量的 41.92%、58.10%、42.24%。除 P 吸收最快时期是结球期外，N、K 吸收最快时期是收获期。除莲座期吸收 K 量低于 N 外，其余时期均为吸收 K 量高于 N 量，N、P、K 吸收比例为 1∶（0.10～0.25）∶（0.95～1.77），全生育期比例为 1∶0.18∶1.37。莲座后期至结球前期是施肥关键时期，该期生菜对养分的需求最为迫切，是营养最大效率期，在此期前施肥可达到最大增产效果。

表 5-29　生菜不同时期的养分吸收量及比例、速率

播种后天数（d）	阶段增长量（mg/株）			占总吸收量比例（%）			阶段吸收速率[mg/（株·d）]			N∶P∶K
	N	P	K	N	P	K	N	P	K	
1～28	7.72	0.80	10.97	0.54	0.31	0.56	0.28	0.03	0.39	1∶0.10∶1.42
29～49	410.21	29.65	389.29	28.68	11.63	19.85	19.53	1.41	18.54	1∶0.10∶0.95
50～70	599.54	148.08	828.62	41.92	58.10	42.24	28.55	7.05	39.46	1∶0.25∶1.38
71～82	412.81	76.36	732.61	28.86	29.96	37.35	34.40	6.36	61.05	1∶0.19∶1.77
总计	1430.28	254.88	1961.50	100	100	100				1∶0.18∶1.37

（四）生菜不同时期的养分含量

由图 5-32 可见，除 N 含量在莲座期稍有上升外，各养分含量均随生育进程而下降，N、K 含量几乎降低 2 倍，但 P 含量变幅不大。各时期除莲座期 K 含量稍低于 N 外，其余时期均为 K 含量高于 N。收获期废弃物 N、K 含量高于净菜，其中 K 含量废弃物是净菜的 2 倍，而 P 则为净菜高于废弃物。

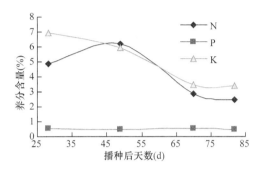

图 5-32　生菜不同时期的养分含量

三、莴笋

莴笋（*Lactuca sativa* var. *angustana*）于 2002 年 3 月 30 日播种，6 月 27 日采收，全生育期 90 d。分别于 5 月 10 日（幼苗期）、5 月 23 日（莲座期）、6 月 8 日（肉质茎膨大初期）、6 月 27 日（肉质茎膨大后期）选取有代表性、正常生长植株 5～26 株地上部，除收获期样品分净菜和废弃物制样外，其余均为地上部混合样。露地栽培，行株距为 31 cm×32 cm（100 800 株/hm²）。未施有机肥，全生育期施纯氮 427.5 kg/hm²。田间管理按照常规栽培技术要求进行。其他信息见表 5-25。

（一）莴笋的生长动态

在本试验条件下，莴笋收获期株高 57.4 cm，茎周长 17.2 cm，生物产量 81 949.5 kg/hm²，经济产量 65 289.0 kg/hm²。莴笋地上部鲜、干重均随生育进程而增加（图 5-33），收获时分别达最大值 810.0 g/株、54.5 g/株。

表 5-30 表明，播种后 1～41 d 即幼苗期 5～6 片叶时，地上部鲜、干重增长量最小，分别仅占总鲜、干重的 0.44%、0.57%；此后鲜、干重增长显著加快，播种后 54～70 d 是地上部鲜、干重增长的主要时期，此期鲜、干重的增长量分别占总量的 46.59%、53.16%，同时该期鲜、干重增长速率达最大值，分别为 23.59 g/（株·d）、1.81 g/（株·d），由此可知，肉质茎膨大初期是莴笋旺盛生长时期。收获期商品净菜鲜、干重占整株鲜、干重的 66.7%、62.24%。

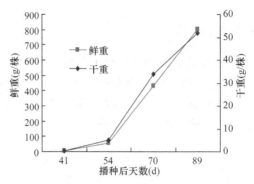

图 5-33　莴笋鲜、干重增长动态

表 5-30　莴笋不同生长期鲜、干重增长量

播种后天数（d）	生长期	鲜重			干重		
		阶段增长量（g/株）	占总重量比例（%）	阶段增长速率[g/（株·d）]	阶段增长量（g/株）	占总重量比例（%）	阶段增长速率[g/（株·d）]
1~41	幼苗期	3.56	0.44	0.09	0.31	0.57	0.01
42~54	莲座期	53.04	6.55	4.08	4.68	8.59	0.36
55~70	肉质茎膨大初期	377.4	46.59	23.59	28.97	53.16	1.81
71~90	肉质茎膨大后期	376.0	46.42	18.8	19.39	37.69	1.03
总计		810.0	100.00		53.35	100.00	

（二）莴笋的养分吸收特性

从图 5-34 可知，莴笋在生长过程中养分的吸收量与鲜、干重的增加是一致的，不同养分的吸收量虽不同，但吸收动态是一样的，均呈"S"形曲线。莴笋 N、P、K 养分最大吸收量均出现在收获期，各营养元素的吸收量大小顺序为 K＞N＞P，这与结球叶用莴苣研究结果一致（张振贤和于贤昌，1996）。研究结果表明，在生物产量为 81 949.5 kg/hm^2、经济产量为 65 289.0 kg/hm^2 水平下，每生产 1000 kg 商品净菜的养分吸收量为 N 2.70 kg、P 0.42 kg、K 3.30 kg，比例为 1∶0.15∶1.22，每公顷带走的养分量分别为 N 176.28 kg、P 27.42 kg、K 215.45 kg。

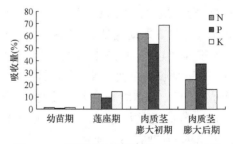

图 5-34　莴笋不同时期吸收 N、P、K 量

（三）莴笋不同时期的养分吸收量及比例、速率

营养生长期内单株地上部吸收 N、P、K 量分别为 1.435 g、0.224 g、1.746 g，不同时期养分的吸收量不同（图 5-35 和表 5-31）。播种后 1~41 d，植株地上部吸收 N、P、K 最少，吸收速率（每株每天吸收量）最低。播种后 55 d 植株进入肉质茎膨大初期，对养分的吸收迅速增加，尤其是对 K 的吸收，不仅吸收量最大，而且一直持续到收获期，这对于促进植株光合作用和光合产物向产品器官的运输具有重要意义（高建芹等，2002）。肉质茎膨大初期的 16 d 内 N、P、K 吸收量达高峰，分别占总吸收量的 62.08%、53.33%、69.04%，该期三元素吸收速率均达最高，分别为 55.71 mg/（株·d）、7.47 mg/（株·d）、75.38 mg/（株·d），由此可知，该期是植株吸收养分的主要时期，为营养元素最大吸收期。播种后 71~90 d（肉质茎膨大后期）N、P、K 吸收量分别占总吸收量的 24.4%、37.21%、15.90%，即在肉质茎形成的 46 d 内 N、P、K 吸收量分别占总吸收量的 86.48%、90.54%、84.94%。因此，莴笋在肉质茎膨大初期对养分的需求最为迫切，是肥料最大效率期，茎膨大初期前施肥增产效果最大。收获期净菜 N、P、K 吸收量分别为 0.856 g/株、0.176 g/株、1.05 g/株，分别占整株地上部吸收量的 59.62%、78.57%、60.10%。

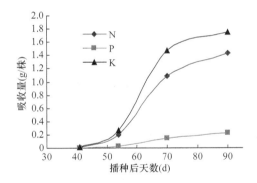

图 5-35　莴笋养分吸收动态

表 5-31　莴笋不同时期的养分吸收量及比例、速率

播种后天数 (d)	阶段增长量（g/株）			占总吸收量比例（%）			阶段吸收速率[mg/（株·d）]			N∶P∶K
	N	P	K	N	P	K	N	P	K	
1~41	17.35	0.84	17.16	1.21	0.37	0.98	0.42	0.02	0.42	1∶0.05∶0.99
42~54	176.76	20.36	245.91	12.31	9.08	14.08	13.60	1.57	18.92	1∶0.12∶1.39
55~70	891.35	119.58	1206.00	62.08	53.33	69.04	55.71	7.47	75.38	1∶0.13∶1.35
71~90	350.28	83.43	277.81	24.40	37.21	15.90	18.44	4.39	14.62	1∶0.24∶0.79
总计	1435.74	224.21	1746.88	100	100	100				1∶0.16∶1.22

不同时期植株地上部对各种养分的吸收比例也存在较大差异（表5-31）。幼苗期莴笋生长缓慢，所以吸收氮、磷、钾也很少。播种后1～41 d植株地上部吸收N＞K＞P，比例为20.65∶20.43∶1；从莲座期开始到肉质茎膨大初期即播种后42～70 d，吸钾量增加，地上部吸收 K＞N＞P，比例为（12.08～10.09）∶（8.68～7.45）∶1。进入肉质茎膨大后期，钾的吸收量略有下降，N、P、K比例为4.20∶1∶3.33。全生育期N、P、K吸收比例为6.40∶1∶7.79。

（四）莴笋不同时期的养分含量

图5-36表明，N、K在植株体内含量随生长进程而下降，范围分别在2.77%～5.51%和3.47%～5.45%，含量降低约50%。P在植株体内含量进入莲座期后增加了1.6倍，之后基本保持稳定，到收获期达最大（0.43%）。收获期净菜N、K含量高于废弃物，而P则相反。

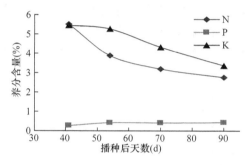

图5-36 莴笋不同时期的养分含量

莴笋营养生长期内，鲜、干重随生育进程而逐渐增加。肉质茎膨大初期生长最快，鲜、干重增加最多，增长量分别占总生长量的46.59%、53.16%；增长速率分别达最大值3.59 g/（株·d）、1.81 g/（株·d）。

莴笋对N、P、K的吸收以K最多，N居中，P最少。单株N、P、K吸收量分别为1.435 g、0.224 g、1.746 g，比例为6.41∶1∶7.79。

试验结果表明，K、N是莴笋吸收较多的养分，而当地农民习惯大量偏施氮肥，忽略钾肥的施用，存在养分比例失调和不合理的现象，与莴笋养分吸收规律不相符合，成为制约产量和品质提高的因素，故生产栽培中应减少氮肥施用，适当增施钾肥。

莴笋对养分的吸收量动态与其鲜、干重的增长动态相似。莴笋在肉质茎膨大初期（播种后55～70 d）对养分的吸收量和吸收速率急剧增加，是养分吸收高峰期，N、P、K吸收量分别占总吸收量的62.08%、53.33%、69.04%，该期吸收速率达最大值，分别为55.71 mg/（株·d）、7.47 mg/（株·d）、75.38 mg/（株·d），这就为产品器官生长发育和经济产量的形成提供了充足的能量与结构物质,此时应及时施肥,以保障肉质茎膨大对养分的需求。

莴笋不同时期 N、P、K 的吸收比例不同。莲座期 K 的吸收量超过 N 的吸收量,且一直持续到收获期。其中莲座期和肉质茎膨大初期 K 的吸收量最大,这对促进光合产物向产品器官的运输、提高经济产量起到积极作用。

在经济产量为 65 289.0 kg/hm² 水平下,每生产 1000 kg 商品净菜的养分吸收量为 N 2.70 kg、P 0.42 kg、K 3.30 kg,比例为 6.43∶1∶7.86。本研究得出的莴笋不同时期植株地上部鲜、干重增长动态及养分含量、养分吸收量、吸收比例等参数,可作为同类蔬菜生产中植株生长及营养诊断研究,确定 N、P、K 肥施用量、比例、时期的理论参考依据。

四、荷兰芹

荷兰芹(*Coriandrum sativum*)于 2002 年 3 月 16 日播种,5 月 3 日移栽,2003 年 4 月 16 日采收,全生育期 396 d。分别于 5 月 3 日(定植期)、6 月 8 日(叶丛生长初期)、6 月 27 日(初采期)、8 月 29 日、10 月 25 日、12 月 24 日、3 月 9 日、4 月 16 日(采收末期)选取有代表性、正常生长整株 5~22 株地上部,初采期(第一次采收商品叶片)开始定株采样,间隔 2 个月整株采样,两次整株采样之间间隔 10 d 左右采收商品成熟叶片,采收期间整株废弃物极少,样品均为整株混合样。栽培规格为行株距 33 cm×20 cm(14.29 万株/hm²)。未施有机肥,全生育期施纯 N 2246.32 kg/hm²、P_2O_5 175.12 kg/hm²、K_2O 1644.27 kg/hm²。田间管理按照常规栽培技术要求进行。其他信息见表 5-25。

(一)荷兰芹的生长动态

荷兰芹初采时株高 24.4 cm,采收末期株高 29.5 cm,经济产量 165 972.5 kg/hm²。荷兰芹地上部鲜、干重均随生育进程而增加(图 5-37),收获时分别达最大值 1487.38 g/株、212.56 g/株。

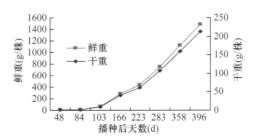

图 5-37 荷兰芹鲜、干重增长动态

荷兰芹定植前幼苗期生长缓慢，鲜、干重增长量极少，仅分别占总鲜、干重的0.38%、0.54%，且增长速率极低（表5-32）。幼苗定植后需经历缓苗过程才开始恢复生长、抽生新叶进入叶丛生长初期，受移栽影响，该阶段生长缓慢，增长量和增长速率明显下降，鲜、干重仅分别累积了总鲜、干重的0.09%、0.29%，增长速率最低。从初采期开始鲜、干重增长量增大、增长变快，采收后期（播种后284～396 d）是鲜、干重增长量最大、增长最快的时期，在1/4全生育期的时间里累积了总鲜重的49.33%和总干重的49.81%。该期鲜、干重增长速率分别达最大值9.46 g/（株·d）、1.41 g/（株·d）。以上结果表明，采收后期是荷兰芹旺盛生长时期，是鲜、干重增长速率高峰期。

表5-32　荷兰芹不同生长期鲜、干重增长量

播种后天数（d）	生长期	鲜重			干重		
		阶段增长量（g/株）	占总重量比例（%）	阶段增长速率[g/（株·d）]	阶段增长量（g/株）	占总重量比例（%）	阶段增长速率[g/（株·d）]
1～48	幼苗期	5.68	0.38	0.12	1.14	0.54	0.02
49～84	叶丛生长初期	1.30	0.09	0.04	0.63	0.29	0.02
85～103	初采期	60.62	4.08	3.19	7.34	3.45	0.39
104～166	采收期	218.98	14.72	3.48	30.97	14.57	0.49
167～223	采收期	151.86	10.21	2.66	20.77	9.77	0.36
224～283	采收期	315.12	21.19	5.25	45.84	21.56	0.76
284～358	采收期	374.26	25.16	4.99	52.38	24.64	0.70
359～396	采收末期	359.56	24.17	9.46	53.50	25.17	1.41
总计		1487.38	100		212.56	100	

（二）荷兰芹的养分吸收特性

从图5-38可知，荷兰芹在生长过程中对养分的吸收量不断增加，整株累积吸收量K最多，N其次，P最少。N、P、K养分最大吸收量均出现在收获期，单株

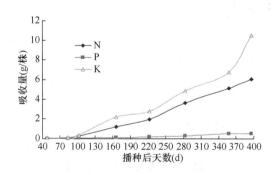

图5-38　荷兰芹养分吸收动态

吸收量分别为 6.08 g、0.53 g、10.51 g。研究结果表明，在经济产量为 165 972.5 kg/hm² 水平下，每生产 1000 kg 商品净菜的养分吸收量为 N 4.36 kg、P 0.46 kg、K 7.22 kg，比例为 1∶0.11∶1.66，每公顷带走的养分量分别为 N 723.64 kg、P 76.35 kg、K 1198.32 kg。

（三）荷兰芹不同时期的养分吸收量及比例、速率

荷兰芹 N、P、K 养分吸收量变化与鲜、干重增长动态相似，定植前幼苗生长缓慢，养分吸收量极少，阶段吸收量仅分别占 N、P、K 总吸收量的 0.56%、0.64%、0.59%，且吸收速率极低（表 5-33）。叶丛生长初期受移栽缓苗影响，幼苗生长缓慢，养分吸收量明显下降，N、P、K 仅分别占总吸收量的 0.44%、0.54%、0.33%，吸收速率与幼苗期相近。从初采期开始养分吸收量增大、吸收变快，但 N、P、K 达到吸收量和吸收速率高峰的时期不完全一致，N 的阶段吸收量最大和最快时期是采收中期（播种后 224～283 d），P 是在采收后期（播种后 284～358 d），而 K 为采收末期（播种后 359～396 d）。由于荷兰芹生育期长，边生长边采收，采收期长达 293 d，占全生育期的 74%，阶段养分吸收量和吸收速率随采收期延长而不断增加并在采收中后期达高峰，因此，初采期以前是施肥关键时期，初采期对养分需求最为迫切，是营养最大效率期，在此期前施肥增产效果最大。之后由于不断采收，养分消耗量大，需适量多次供肥，保证作物生长发育期间对养分的需求，延长采收期，提高经济产量。

表 5-33 荷兰芹不同时期的养分吸收量及比例、速率

播种后天数（d）	阶段吸收量（mg/株）			占总吸收量比例（%）			阶段吸收速率[mg/(株·d)]			N∶P∶K
	N	P	K	N	P	K	N	P	K	
1～48	34.15	3.42	61.75	0.56	0.64	0.59	0.71	0.07	1.29	1∶0.10∶1.81
49～84	26.49	2.88	34.58	0.44	0.54	0.33	0.74	0.08	0.96	1∶0.11∶1.31
85～103	210.34	26.08	245.73	3.46	4.91	2.34	11.07	1.37	12.93	1∶0.12∶1.17
104～166	968.04	95.94	1850.72	15.92	18.07	17.60	15.37	1.52	29.38	1∶0.10∶1.91
167～223	727.19	66.68	604.61	11.96	12.56	5.75	12.76	1.17	10.61	1∶0.09∶0.83
224～283	1661.08	89.17	2049.42	27.32	16.80	19.49	27.68	1.49	34.16	1∶0.05∶1.23
284～358	1512.20	208.96	1898.53	24.87	39.36	18.06	20.16	2.79	25.31	1∶0.14∶1.26
359～396	940.98	37.72	3767.43	15.48	7.11	35.84	24.76	0.99	99.14	1∶0.04∶4.00
总计	6080.47	530.85	10512.78	100	100	100				1∶0.09∶1.73

不同时期植株地上部 N 与 P 吸收量比值除采收末期稍有上升外，其余时期基本接近，约为 1∶0.1，N、K 吸收量比值采收前期稍有降低，之后上升，采收中后期降低并在采收末期达最高 1∶4。全生育期 N、P、K 吸收比例为 1∶0.09∶1.73。

（四）荷兰芹不同时期的养分含量

荷兰芹生育周期长，相近时期养分含量变化不大，为便于找出全生育期养分含量变化规律，在此选取苗期、初采期和采收末期三个主要时期的含量予以说明。由图5-39可见，N、K含量均随生育进程而下降，N含量由3.0%降至2.07%，K含量由5.42%降至3.57%，N含量在生长后期下降较快，K含量在生长前期下降较快，而后期保持平稳；P含量整个生育期则稍有上升，范围在0.30%~0.39%。不同时期养分含量均为K>N>P。

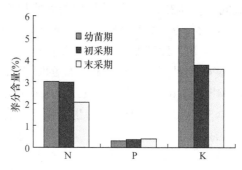

图5-39 荷兰芹三个主要时期养分含量比较

五、菠菜和豌豆尖

菠菜（*Spinacea oleracea*）和豌豆尖（*Pisum sativum* var. *hortense*）都属于生育期短的蔬菜，一般全生育期53 d，故未分不同生育期采样，仅在收获期选取有代表性、正常生长植株20株，分净菜和废弃物制样。田间管理按照常规栽培技术要求进行。试验地基本情况见表5-25，试验结果见表5-34和表5-35。

表5-34 菠菜和豌豆尖种植基本情况

作物	播种日期（年/月/日）	收获日期（月/日）	全生育期（d）	施肥情况（kg N/hm²）	栽培密度（万株/hm²）	株高（cm）	净菜率	生物产量（kg/hm²）	净菜产量（kg/hm²）
菠菜	2002/3/30	5/22	53	无	16.3	32.0	0.92	25 101.26	23 017.82
豌豆尖	2002/10/18	12/10	53	922	—	53.5	0.42	33 360.64	13 892.91

表5-35 菠菜和豌豆尖主要营养生理参数

作物	净菜产量（kg/hm²）	养分含量（%）			每生产1000 kg净菜所需养分量（kg）			吸收带走的养分量（kg/hm²）			N:P:K
		N	P	K	N	P	K	N	P	K	
菠菜	23 017.82	4.57	0.62	8.21	2.95	0.40	5.30	67.90	9.21	121.99	1:0.14:1.80
豌豆尖	13 892.91	4.06	0.32	3.51	12.62	0.99	10.90	175.33	13.75	151.43	1:0.08:0.86

菠菜收获期商品净菜鲜、干重分别是 67.89 g/株、3.26 g/株，占整株鲜、干重的 77.52%、83.19%。单株 N、P、K 吸收量分别为 0.85 g、0.87 g、0.79 g。净菜氮、磷、钾吸收量分别占整株总吸收量的 84.60%、87.32% 和 78.72%。K 的吸收量是 N 的 1.8 倍，P 的吸收量最少，N∶P∶K=1∶0.14∶1.80。植株养分含量 K 约是 N 的 2 倍，P 最低。净菜中 N、P 养分含量都高于废弃物，而 K 反之。

豌豆尖收获期商品净菜鲜、干重分别是 25.18 g/株、3.26 g/株，占整株鲜、干重的 41.68%、38.95%。单株 N、P、K 吸收量分别为 0.13 g、0.01 g、0.11 g，净菜氮、磷、钾吸收量分别占整株总吸收量的 47.69%、51.16% 和 36.81%。豌豆尖以吸收 N 最多，其次 K，最少是 P。植株体内养分含量 N>K>P。同菠菜，净菜中 N、P 养分含量都高于废弃物，而 K 反之。

第六节 茄果类蔬菜鲜干重增长动态和氮磷钾营养吸收特性

一、茄子

茄子（*Solanium melongena* var. *sepenlinum*）于 2003 年 2 月 27 日定植，8 月 19 日拔杆，全生育期 173 d。分别于 3 月 27 日（现蕾期）、4 月 13 日（初花期）、5 月 6 日（瞪眼期）、5 月 26 日（初采期）、7 月 11 日（盛收期）、8 月 19 日（采收末期）选取有代表性、正常生长植株 3~5 株地上部，除收获期样品分果实和废弃物制样外，其余均为地上部混合样。初采期开始定株采样，盛收期和采收末期整株采样，两次整株采样之间只采收成熟果实。起垄栽培，薄膜覆盖，栽培规格为行株距 38 cm×37 cm，畦距 70 cm。未施有机肥，全生育期施纯 N 915.92 kg/hm^2、P$_2$O$_5$ 224.36 kg/hm^2，未施钾肥。田间管理按照常规栽培技术要求进行。其他信息见表 5-36。

表 5-36 几种茄果类蔬菜试验地基本情况

作物	品种	棚龄（年）	质地	前作	全氮（g/kg）	硝态氮（mg/kg）	速效K（mg/kg）	有效P（mg/kg）	有机质（g/kg）	pH	设施条件
茄子	—	6	黏壤	莴笋	1.97	168.17	284.91	92.15	35.08	5.20	露地
甜椒	甜杂1号	3	黏壤	菠菜	2.37	156.43	219.06	122.27	43.32	6.92	大棚
尖椒	—	3	壤土	西芹	2.32	174.29	382.46	100.44	42.64	6.34	大棚

（一）茄子的生长动态

茄子收获时株高 125.7 cm，果实产量 87 434 kg/hm^2。茄子地上部鲜、干重均随生育进程而增加（图 5-40），收获时分别达最大值 3945.10 g/株、412.88 g/株。

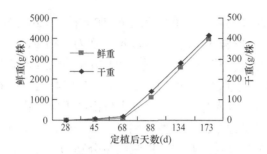

图 5-40　茄子鲜、干重增长动态

茄子前期生长缓慢，初采期以前鲜、干重增长量分别占总鲜、干重的 3.22%、4.91%（表 5-37）。初采期开始植株进入旺盛生长时期，阶段增长量和增长速率急剧上升，鲜、干重增长速率最高达 49.31 g/（株·d）、6.13 g/（株·d）。盛收期是鲜、干重增长量最大时期，分别占总鲜干重的 37.13%、33.28%。采收末期增长量和增长速率都有所下降。从盛收期到采收末期共 85 d 的时间里累积了总鲜重的 71.78% 和总干重的 65.4%，表明果实收获期是鲜、干重积累的主要时期。整个生育期果实鲜、干重分别占整株鲜、干重的 82.26%、61.36%。

表 5-37　茄子不同时期鲜、干重增长量

定植后天数（d）	生长期	鲜重			干重		
		阶段增长量（g/株）	占总重量比例（%）	阶段增长速率[g/（株·d）]	阶段增长量（g/株）	占总重量比例（%）	阶段增长速率[g/（株·d）]
1～28	现蕾期	11.58	0.29	0.41	1.75	0.42	0.06
29～45	初花期	31.86	0.81	1.87	5.38	1.30	0.32
46～68	瞪眼期	83.70	2.12	3.64	13.18	3.19	0.57
69～88	初采期	986.19	25.00	49.31	122.55	29.68	6.13
89～134	盛收期	1464.77	37.13	31.84	137.41	33.28	2.99
135～173	采收末期	1367.00	34.65	35.05	132.61	32.12	3.40
总计		3945.10	100		412.88	100	

由表 5-38 可知，在整个收获期中盛收期至采收末期是果实干物质重增长最多、增长最快时期，而枝叶干物质重增长量随收获期推进而不断下降。该时期累积了全生育期果实干物质重的 85.13%，增长速率达 2.55 g/（株·d）。而枝叶干物质重的 53.18% 是在初采期积累的，增长速率在整个生育期最高达 4.24 g/（株·d）。初采期以前植株以枝叶增重为主，枝叶干物质占全株干物质重的 73.60%，盛收期果实干物质重超过枝叶，占整株干物质重的 53.10%，在采收末期所占比例达最大，为 61.36%。

表 5-38　茄子收获期的干物质积累

定植后天数（d）	生长期	果实			枝叶		
		阶段增长量占果实总重量比例（%）	阶段增长速率 [g/（株·d）]	占整株重量比例（%）	阶段增长量占枝叶总重量比例（%）	阶段增长速率 [g/（株·d）]	占整株重量比例（%）
69～88	初采期	14.89	1.89	26.40	53.18	4.24	73.60
89～134	盛收期	43.86	2.42	53.10	16.49	0.57	46.90
135～173	采收末期	41.27	2.68	61.36	17.60	0.72	38.65

（二）茄子的养分吸收特性

从图 5-41 可知，茄子在生长过程中对养分的吸收量随生育进程不断增加，到采收末期达到最大养分吸收量，各营养元素的吸收量大小顺序为 K＞N＞P。研究结果表明，在净菜产量为 87 434 kg/hm^2 水平下，每生产 1000 kg 商品净菜的养分吸收量为 N 2.47 kg、P 0.28 kg、K 3.22 kg，比例为 1∶0.11∶1.31，每公顷带走的养分量分别为 N 215.96 kg、P 24.48 kg、K 281.54 kg。

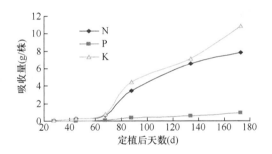

图 5-41　茄子养分吸收动态

（三）茄子不同时期的养分吸收量及比例、速率

茄子收获时单株地上部吸收 N、P、K 量分别为 7.85 g、0.89 g、10.87 g，其中果实 N、P、K 吸收量分别占总吸收量的 63.23%、75.02%、78.68%。不同时期养分吸收量和吸收速率不同（表 5-39），初采期以前（定植后 1～68 d）养分吸收量仅占总吸收量的 6.88%～11.72%。定植后 69 d 即植株进入初采期开始，养分吸收量和吸收速率急剧增加，是养分吸收最快时期，N、P、K 吸收速率分别为 141.94 mg/（株·d）、12.27 mg/（株·d）、183.30 mg/（株·d）。N 在盛收期，P、K 在采收末期进入最大养分吸收期，各期吸收量分别占 N、P、K 总吸收量的 38.84%、33.90%、34.38%。这与植株前期以枝叶生长为主，吸收氮最多，中后期以果实增重为主，吸收 P、K 量上升，促进光合产物向果实转运和果实膨大的生长规律相一致。初采期植株对养分的需求最为迫切，是营养最大效率期，在此期前施肥增产效果最大。

表 5-39　茄子不同时期的养分吸收量及比例、速率

定植后天数(d)	阶段增长量 (mg/株)			占总吸收量比例（%）			阶段吸收速率[mg/(株·d)]			N∶P∶K
	N	P	K	N	P	K	N	P	K	
1～28	65.85	9.95	65.71	0.84	1.12	0.60	2.35	0.36	2.35	1∶0.15∶1.00
29～45	210.71	10.13	197.17	2.69	1.14	1.81	12.39	0.60	11.60	1∶0.05∶0.94
46～68	378.14	84.10	485.94	4.82	9.46	4.47	16.44	3.66	21.13	1∶0.22∶1.29
69～88	2 838.88	245.41	3 666.00	36.18	27.61	33.74	141.94	12.27	183.30	1∶0.09∶1.29
89～134	3 047.71	238.01	2 716.42	38.84	26.77	25.00	66.25	5.17	59.05	1∶0.08∶0.89
135～173	1 305.31	301.36	3 735.50	16.64	33.90	34.38	33.47	7.73	95.78	1∶0.23∶2.86
总计	7 846.59	888.96	10 866.75	100	100	100				1∶0.11∶1.38

除采收末期 K 吸收量明显高于 N 外，其余时期植株 N、K 吸收比例基本接近，全生育期整株 N、P、K 吸收比例为 1∶0.11∶1.38。

植株不同采收时期吸收的养分在果实和枝叶中的分配比例不同（表 5-40）。采收前期植株吸收的养分主要分配到枝叶，N、P、K 均分别占此期植株各自总吸收量的 67.59% 以上。从盛收期开始吸收的养分分配到果实中的比例迅速增加，采收末期（定植后 173 d）果实中分配的 N 超过枝叶（占 63.23%）；盛收期（定植后 134 d）果实分配的 P、K 开始超过枝叶（分别占 58.13%、59.39%）。到收获结束时植株吸收的 N、P、K 主要分配到果实中，分别占植株各自总吸收量的 63.23%、75.02%、78.68%。

表 5-40　茄子不同播种天数后的养分分配

定植后天数(d)	N			P			K		
	累积量(g/株)	分配比例（%）		累积量(g/株)	分配比例（%）		累积量(g/株)	分配比例（%）	
		果实	枝叶		果实	枝叶		果实	枝叶
88	3.49	23.19	76.81	0.35	32.41	67.59	4.41	27.55	72.45
134	6.54	45.11	54.89	0.59	58.13	41.87	7.13	59.39	40.61
173	7.85	63.23	36.77	0.89	75.02	24.98	10.87	78.68	21.32

（四）茄子不同时期的养分含量

由图 5-42 可见，整株 N、P、K 含量整体呈下降趋势，N 含量从缓苗发棵到初采（定植后 1～88 d）下降了 35%，收获期含量基本保持不变；P、K 含量从缓苗发棵到瞪眼（定植后 1～68 d）基本维持同一水平，定植后 69～88 d，P 和 K 的含量分别下降了 59%、16%，N、P、K 含量到收获结束时降至最低。收获期枝叶 N、P、K 含量随生育进程而明显下降，果实养分含量则变化不明显（表 5-41）。枝叶平均 N 含量高于果实，而 P、K 含量则为果实高于枝叶。

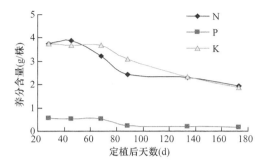

图 5-42 茄子不同时期的养分含量

表 5-41 茄子不同定植天数后的养分含量（%，干重）

定植后 天数（d）	整株			果实			枝叶		
	N	P	K	N	P	K	N	P	K
28	3.77	0.57	3.76						
45	3.88	0.53	3.69						
68	3.22	0.51	3.69						
88	2.45	0.24	3.09	2.15	0.30	3.22	2.55	0.22	3.04
134	2.30	0.21	2.34	2.00	0.23	2.81	2.13	0.19	2.20
173	1.94	0.18	1.87	1.97	0.26	3.13	1.81	0.14	1.45

二、甜椒

甜椒（*Capsicum annuum* var. *grossum*）于 2002 年 9 月 22 日播种，12 月 2 日定植，2003 年 6 月 16 日拔秆，全生育期 267 d。分别于 2002 年 12 月 2 日（定植期）、2003 年 1 月 26 日（现蕾期）、2 月 22 日（初花期）、3 月 14 日（座果期）、4 月 12 日（初采期）、5 月 8 日（采收前期）、5 月 20 日（盛收期）、6 月 16 日（采收末期）选取有代表性、正常生长植株 4~32 株地上部，自座果期起样品分果实和枝叶制样，之前各时期均为地上部混合样。初采期开始定株采样，采收前期、盛收期和采收末期整株采样，两次整株采样之间只采收成熟果实。起垄栽培，栽培规格为行塘距 95 cm×45 cm，每塘种植 2 株。底肥施有机肥牛粪 75 497.4 kg/hm²，全生育期施纯 N 608.3 kg/hm²、P_2O_5 139.4 kg/hm²、K_2O 924.8 kg/hm²。田间管理按照常规栽培技术要求进行。其他信息见表 5-36。

（一）甜椒的生长动态

甜椒收获时株高 76.8 cm，果实产量 85 719 kg/hm²。地上部鲜重随生育进程而增加（图 5-43），收获时达最大值 1254.9 g/株；干重随生长发育增加至盛收期达最大值 141.6 g/株，采收末期由于枝叶枯萎、脱落而稍有下降。

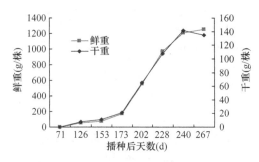

图 5-43　甜椒鲜、干重增长动态

表 5-42 表明，甜椒在初采期以前（播种后 1～173 d）鲜、干重增长缓慢，增长量仅分别占总鲜、干重的 13.35%、15.68%。从初采期开始植株进入旺盛生长时期，鲜、干重急剧上升，在采收前期鲜重增长量最大，占总鲜重 33.13%，而干重在初采期增长量最大，占总干重 32.70%。鲜、干重都是盛收期增长速率最快，分别达 19.73 g/(株·d)、2.83 g/(株·d)。在 65 d 的收获期累积了总鲜重的 55.77% 和总干重的 51.62%，表明收获期是鲜、干重积累的主要时期。采收末期未收集枯枝落叶，故干重下降了最大值的 4.7%。整个生育期果实鲜、干重分别占整株鲜干重的 82.27%、73.74%。

表 5-42　甜椒不同时期鲜、干重增长量

播种后天数（d）	生长期	鲜重			干重		
		阶段增长量（g/株）	占总重量比例（%）	阶段增长速率 [g/(株·d)]	阶段增长量（g/株）	占总重量比例（%）	阶段增长速率 [g/(株·d)]
1～71	幼苗期	3.56	0.28	0.05	0.33	0.25	0.005
72～126	现蕾期	47.24	3.76	0.86	7.47	5.53	0.14
127～153	初花期	24.78	1.97	0.92	3.62	2.68	0.13
154～173	座果期	92.06	7.34	4.60	9.74	7.22	0.49
174～202	初采期	387.37	30.87	13.36	44.13	32.70	1.52
203～228	采收前期	415.75	33.13	15.99	42.33	31.37	1.63
229～240	盛收期	236.75	18.87	19.73	34.01	25.20	2.83
241～267	采收末期	47.35	3.77	1.75	-6.68	-4.95	-0.25
总计		1254.9	100		134.95	100	

从座果期开始进入果实膨大充实期，随生育期推进，果实阶段增长量占果实总重的百分比不断增大，到盛收期达最大 36.76%，之后降低（表 5-43）。果实干物质的 66.85% 是在采收初期到盛收期的 38 d 里累积的，果实干物质重增长速率最快时期是盛收期，平均每天累积达 2.50 g/株。初采期是枝叶干物质量增长量最大和增长最快的时期，增长量占枝叶总重的 62.13%，平均每天累积 0.76 g/株，之后增长

量下降。采收末期枝叶的枯萎、脱落造成枝叶干物质重下降了最大枝叶干物质重的28.6%。随果实膨大、收获期推进，果实占整株干物质重比例不断增加，到采收末期果实干物质占整株干物质重的73.74%，而枝叶则相反，由座果期占整株干物质重的81.14%降至采收末期的26.26%。可见，盛收期以前植株以枝叶增重为主（占60.02%），从采收前期开始果实干物质重超过枝叶，占整株干物质重的58.24%。

表5-43 甜椒收获期的干物质积累

播种后天数（d）	生长期	果实			枝叶		
		阶段增长量占果实总重量比例（%）	阶段增长速率[g/(株·d)]	占整株重量比例（%）	阶段增长量占枝叶总重量比例（%）	阶段增长速率[g/(株·d)]	占整株重量比例（%）
154～173	座果期	4.01	0.20	18.86	16.23	0.29	81.14
174～202	初采期	22.22	0.76	39.98	62.13	0.76	60.02
203～228	采收前期	36.76	1.41	58.24	16.24	0.22	41.76
229～240	盛收期	30.09	2.50	65.40	11.47	0.34	34.60
241～267	采收末期	6.92	0.26	73.74	-38.30	-0.50	26.26

（二）甜椒的养分吸收特性

从图5-44可知，与干物质重增长变化规律相似，甜椒在生长过程中对养分的吸收量随生育进程不断增加，到盛收期P、K养分分别达最大吸收量0.29 g/株、4.21 g/株，之后采收末期稍有下降；而N在采收末期达最大养分吸收量2.23 g/株。各营养元素的吸收量大小顺序为K＞N＞P。研究结果表明，在净菜产量为85 719 kg/hm^{2}水平下，每生产1000 kg商品净菜的养分吸收量为N 2.16 kg、P 0.24 kg、K 3.89 kg，比例为1∶0.11∶1.80，每公顷带走的养分量分别为N 185.15 kg、P 20.57 kg、K 333.45 kg。

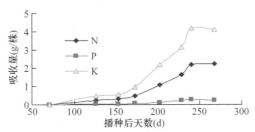

图5-44 甜椒养分吸收动态

（三）甜椒不同时期的养分吸收量及比例、速率

甜椒收获时单株地上部吸收N、P、K量分别为2.23 g、0.24 g、4.10 g，其中果实N、P、K吸收量分别占总吸收量的73.03%、94.77%、64.65%。不同时期养

分吸收量和吸收速率不同，N、P、K 阶段养分吸收量高峰出现时期也不完全一致（表 5-44）。初采期以前（定植后 1~173 d）养分吸收量增长缓慢，N、P、K 吸收量占各自总吸收量的 20.59%、26.47%、23.05%。从播种后 174 d 即植株进入初采期开始，阶段养分吸收量和吸收速率急剧增加，该期是 N、K 养分吸收量最大时期，分别占总吸收量的 27.71%、31.03%，而 P 吸收量最大时期则滞后一个时期，即采收前期，占总吸收量 36.12%。自第一次采果至采收结束（播种后 203~267 d）的 65 d 时间里，N、P、K 吸收量分别占总吸收量的 51.69%、42.22%、45.91%。盛收期是 N、P、K 吸收最快时期，吸收速率分别达 48.62 mg/（株·d）、5.03 mg/（株·d）、88.94 mg/（株·d）。由此可知，座果期开始后植株对养分的需求急剧上升，在此期前施肥可提高座果率，延长采收期，提高产量。

表 5-44 甜椒不同时期的养分吸收量及比例、速率

播种后天数（d）	阶段增长量（mg/株）			占总吸收量比例（%）			阶段吸收速率[mg/(株·d)]			N：P：K
	N	P	K	N	P	K	N	P	K	
1~71	7.73	1.25	18.22	0.35	0.52	0.44	0.11	0.02	0.26	1：0.16：2.36
72~126	223.12	21.16	444.37	9.98	8.74	10.84	4.06	0.39	8.08	1：0.09：1.99
127~153	93.74	6.24	84.06	4.19	2.58	2.05	3.47	0.23	3.11	1：0.07：0.90
154~173	135.71	35.42	398.83	6.07	14.63	9.72	6.79	1.77	19.94	1：0.26：2.94
174~202	619.30	75.76	1272.40	27.71	31.30	31.03	21.36	2.61	43.87	1：0.12：2.05
203~228	549.57	87.44	924.24	24.59	36.12	22.54	21.14	3.36	35.55	1：0.16：1.68
229~240	583.39	60.40	1067.30	26.11	24.95	26.03	48.62	5.03	88.94	1：0.10：1.83
241~267	22.06	-45.60	-109.00	0.99	-18.85	-2.66	0.82	-1.69	-4.04	1：-2.07：-4.94
总计	2234.60	242.10	4100.30	100	100	100				1：0.11：1.83

P、K 养分在盛收期达最大吸收量 0.29 g/株、4.21 g/株，之后采收末期分别下降了 15.9%、24.4%。N 则随生育期推进而逐渐增加，至采收末期达最大吸收量 2.23 g/株。P、K 相对吸收量最大时期是座果期，N：P：K=1：0.26：2.94，全生育期整株 N、P、K 吸收比例为 1：0.11：1.83。

植株自座果期起开始不同时期吸收的养分在果实和枝叶中的分配比例不同（表 5-45）。初采期以前（播种后 1~173 d）植株吸收的养分主要分配到枝叶，枝叶吸收的 N、P、K 分别占此期植株各养分总吸收量的 80.00%、75.08%、84.87%。从初采期开始吸收的养分分配到果实中的比例迅速增加，播种后 228 d、202 d、228 d 时植株中果实分配的 N、P、K 分别开始超过枝叶。到收获时植株吸收的 N、P、K 主要分配到果实中，分别占整株各自总吸收量的 73.03%、94.03%、64.65%。

表 5-45 甜椒不同播种天数后的养分分配

播种后天数（d）	N			P			K		
	累积量（g/株）	分配比例（%）		累积量（g/株）	分配比例（%）		累积量（g/株）	分配比例（%）	
		果实	枝叶		果实	枝叶		果实	枝叶
173	0.46	20.00	80.00	0.06	24.92	75.08	0.95	15.12	84.87
202	1.08	39.02	60.98	0.14	58.94	41.06	2.22	34.77	65.23
228	1.63	54.27	45.73	0.23	70.16	29.84	3.14	51.38	48.62
240	2.21	58.44	41.56	0.29	87.14	12.86	4.21	54.44	45.56
267	2.23	73.03	26.97	0.24	94.03	5.23	4.10	64.65	35.35

（四）甜椒不同时期的养分含量

从座果期开始不同时期各养分在植株各部位的含量差异较大（表 5-46）。N、P、K 含量在果实中均以初采期（播种后 174~202 d）最高，分别在播种后 240 d、267 d、240 d 时降至最低；同样，在枝叶中以播种后 173 d 时 N、P、K 含量最高，分别在播种后 228 d、267 d、228 d 时降到最低值。N、P、K 在整个植株中的含量在全生育期有降低趋势（图 5-45），N、P、K 含量最高值分别出现在播种后 126 d、71 d、126 d 时，降低至最低的时间与枝叶养分含量最低时间一致。同一时期植株、果实、枝叶养分含量均为 K>N>P。不同时期 N、K 在枝叶中的含量均高于果实，而 P 则反之。

表 5-46 甜椒不同播种天数后的养分含量（%，干重）

播种后天数（d）	整株			果实			枝叶		
	N	P	K	N	P	K	N	P	K
71	2.32	0.38	5.48						
126	2.96	0.29	5.93						
153	2.84	0.25	4.79						
173	2.18	0.30	4.47	2.31	0.40	3.58	2.41	0.28	4.67
202	1.65	0.21	3.40	1.61	0.32	2.95	1.68	0.15	3.69
228	1.51	0.21	2.92	1.41	0.25	2.58	1.66	0.15	3.40
240	1.60	0.20	3.07	1.39	0.30	2.45	1.88	0.08	3.91
267	1.66	0.14	3.23	1.63	0.21	2.66	1.70	0.04	4.09

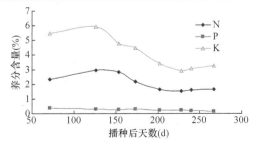

图 5-45 甜椒不同时期的养分含量

三、尖椒

尖椒（*Capsicum annuum* var. *longrum*）于 2002 年 9 月 22 日播种，12 月 2 日定植，2003 年 6 月 16 日拔秆，全生育期 267 d。分别于 12 月 2 日（幼苗期）、1 月 26 日（现蕾期）、2 月 22 日（初花期）、3 月 14 日（座果期）、4 月 12 日（初采期）、5 月 20 日（盛收期）、6 月 16 日（采收末期）选取有代表性、正常生长植株 4～50 株地上部，座果期起样品分果实和废弃物制样，之前均为地上部混合样。初采期开始定株采样，盛收期和采收末期整株采样，两次整株采样之间只采收成熟果实。起垄栽培，薄膜覆盖，栽培规格为行株距 44 cm×88 cm。底肥施有机肥牛粪 75 497.4 kg/hm², 全生育期施纯 N 608.33 kg/hm²、P_2O_5 139.38 kg/hm²、K_2O 924.84 kg/hm²。田间管理按照常规栽培技术要求进行。其他信息见表 5-36。

（一）尖椒的生长动态

尖椒收获时株高 64.1 cm，果实产量 74 162 kg/hm²。地上部鲜、干重随生育进程而增加（图 5-46），收获时分别达最大值 711.78 g/株、99.47 g/株，其中果实鲜、干重分别占 81.57%、75.29%。

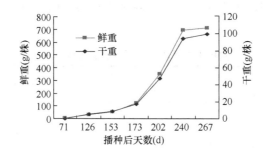

图 5-46　尖椒鲜、干重增长动态

尖椒鲜重与干重增长变化规律一致，在初采期以前（播种后 1～173 d）鲜、干重增长缓慢，增长量仅分别占总鲜、干重的 17.17%、17.38%（表 5-47）。从初采期开始植株进入旺盛生长时期，鲜、干重急剧上升，都在盛收期增长量最大，在 38 d 的盛收期累积了总鲜重的 48.65% 和总干重的 46.94%。鲜、干重增长速率都随生育期推进而逐渐加快，到盛收期达最快，分别达 9.11 g/(株·d)、1.23 g/(株·d)，采收末期鲜、干重增长速率均急剧下降，表明果实盛收期是鲜、干重积累的主要时期。

果实干物质重增长变化规律与整株干物质重累积规律相同，果实干物质阶段增长量占果实总干物质重的百分比和增长速率随收获期推进而不断增大（表 5-48），盛收期是果实干物质重增长最多、增长最快时期，即 63.17% 的果实干物质重是在

表 5-47　尖椒不同生长期鲜、干重增长量

播种后天数（d）	生长期	鲜重			干重		
		阶段增长量（g/株）	占总重量比例（%）	阶段增长速率[g/（株·d）]	阶段增长量（g/株）	占总重量比例（%）	阶段增长速率[g/（株·d）]
1～71	幼苗期	2.64	0.37	0.04	0.22	0.23	0.003
72～126	现蕾期	28.76	4.04	0.52	4.84	4.87	0.09
127～153	初花期	23.40	3.29	0.87	3.77	3.79	0.14
154～173	座果期	67.17	9.44	3.36	8.42	8.46	0.42
174～202	初采期	228.03	32.04	7.86	30.04	30.20	1.04
203～240	盛收期	346.25	48.65	9.11	46.69	46.94	1.23
241～267	采收末期	15.53	2.18	0.58	5.48	5.51	0.20
总计		711.78	100		99.47	100	

表 5-48　尖椒收获期的干物质积累

播种后天数（d）	生长期	果实			枝叶		
		阶段增长量占果实总重量比例（%）	阶段增长速率[g/（株·d）]	占整株重量比例（%）	阶段增长量占枝叶总重量比例（%）	阶段增长速率[g/（株·d）]	占整株重量比例（%）
154～173	座果期	2.60	0.10	11.28	26.32	0.32	88.72
174～202	初采期	19.47	0.50	34.94	62.92	0.53	65.06
203～240	盛收期	63.17	1.25	67.92	−2.51	−0.02	32.08
241～267	采收末期	14.76	0.41	75.29	−22.69	−0.21	24.71

盛收期 38 d 里累积的，平均每天累积达 1.25 g/株，采收末期两者皆降低。与甜椒相似，初采期是枝叶干物质重增长最多和增长最快的时期，增长量占枝叶总干物质重的 62.92%，平均每天累积 0.53 g/株。从盛收期开始枝叶干物质重出现负增长，主要由于收获期果实成为生长中心，叶片养分向果实中转移，以及叶片逐渐枯萎、脱落，枝叶干物质重下降了最大枝叶干物质重的 20.1%。与其他茄果类蔬菜相同，随果实膨大、收获期推进，果实所占整株干物质重比例不断增加，到采收末期尖椒果实干物质占整株干物质重的 75.29%，而枝叶则相反，由座果期占整株干物质重的 88.72% 降至采收末期的 24.71%。初采期植株以枝叶增重为主（占 65.06%），盛收期开始果实干物质重超过枝叶，占整株干物质重的 67.92%。

（二）尖椒的养分吸收特性

从图 5-47 可知，尖椒在生长过程中对 N、K 养分的吸收动态呈单峰曲线，即随生育进程的推进吸收量不断增加，到盛收期达 N、K 养分最大吸收量 1.46 g/株、2.91 g/株，之后采收末期分别下降了 6.4%、2.0%；而 P 则随生长发育吸收量不断上升，在采收末期达最大养分吸收量 0.24 g/株。尖椒对各营养元素的吸收量大小顺序为 K>N>P。研究结果表明，在净菜产量为 74 162 kg/hm² 水平下，每生产 1000 kg 商品净菜的养分吸收量为 N 2.50 kg、P 0.40 kg、K 4.88 kg，比例为

1∶0.16∶1.95，每公顷带走的养分量分别为 N 185.41 kg、P 29.66 kg、K 361.91 kg。

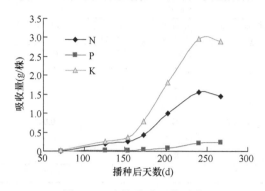

图 5-47 尖椒养分吸收动态

（三）尖椒不同时期的养分吸收量及比例、速率

尖椒收获时单株地上部吸收 N、P、K 量分别为 1.46 g、0.24 g、2.91 g，其中果实 N、P、K 吸收量分别占总吸收量的 74.03%、84.00%、68.90%。不同时期养分吸收量和吸收速率不同，N、P、K 养分阶段吸收量最大和吸收最快时期也不一致（表 5-49）。初花期以前（定植后 1~153 d）养分吸收量增长缓慢，N、P、K 吸收量占各自总吸收量的 17.28%、8.51%、12.82%。从播种后 154 d 即植株进入座果期开始，养分阶段吸收量和吸收速率明显增加，盛收期的 38 d 是 N、P、K 养分吸收量最大时期，分别占总吸收量的 38.78%、47.45%、39.92%。N、K 吸收最快时期是初采期，而 P 则滞后一个时期，即盛收期是 P 吸收最快时期，N、P、K 最大吸收速率分别为 19.33 mg/（株·d）、2.94 mg/（株·d）、35.16 mg/（株·d）。采收末期 N、K 吸收量分别下降了最大吸收量的 6.4%和 2.0%。由此可知，座果期开始后植株对养分的需求急剧上升，是营养最大效率期和施肥关键期。

表 5-49 尖椒不同时期的养分吸收量及比例、速率

播种后天数（d）	阶段增长量（mg/株）			占总吸收量比例（%）			阶段吸收速率[mg/(株·d)]			N∶P∶K
	N	P	K	N	P	K	N	P	K	
1~71	7.01	0.82	14.85	0.48	0.35	0.51	0.10	0.01	0.21	1∶0.12∶2.12
72~126	181.40	17.27	248.94	12.47	7.34	8.56	3.30	0.31	4.53	1∶0.10∶1.37
127~153	62.94	1.93	109.14	4.33	0.82	3.75	2.33	0.07	4.04	1∶0.03∶1.73
154~173	185.48	15.55	421.12	12.75	6.61	14.48	9.27	0.78	21.06	1∶0.08∶2.27
174~202	560.70	59.92	1019.53	38.53	25.46	35.06	19.33	2.07	35.16	1∶0.11∶1.82
203~240	564.30	111.65	1161.06	38.78	47.45	39.92	14.85	2.94	30.55	1∶0.20∶2.06
241~267	-106.70	28.17	-66.41	-7.33	11.97	-2.28	-3.95	1.04	-2.46	1∶-0.26∶0.62
总计	1455.14	235.30	2908.23	100	100	100				1∶0.16∶2.00

不同时期 N、P、K 吸收比例差别较大，为 1:（-0.26~0.20）:（0.62~2.27）。但不同时期都是吸收 K 最多，N 其次，P 最少。全生育期整株 N、P、K 吸收比例为 1:0.16:2.00。

植株自座果期起不同时期吸收的养分在果实和枝叶中的分配比例差异较大（表 5-50）。同甜椒，初采期以前（播种后 1~173 d）植株吸收的养分主要分配到枝叶，枝叶吸收的 N、P、K 量分别占此期植株各养分总吸收量的 90.04%、79.01%、91.15%。从初采期开始吸收的养分分配到果实中的比例迅速增加，播种后 240 d、202 d、240 d 时植株中果实分配的 N、P、K 分别开始超过枝叶。到收获时植株吸收的 N、P、K 主要分配到果实中，分别占整株各自总吸收量的 74.03%、84.00%、68.89%。

表 5-50　尖椒不同播种天数后的养分分配

播种后天数（d）	N			P			K		
	累积量（g/株）	分配比例（%）		累积量（g/株）	分配比例（%）		累积量（g/株）	分配比例（%）	
		果实	枝叶		果实	枝叶		果实	枝叶
173	0.44	9.96	90.04	0.04	20.99	79.01	0.79	8.85	91.15
202	1.00	30.27	69.73	0.10	54.36	45.64	1.81	27.86	72.14
240	1.56	66.28	33.72	0.21	77.24	22.76	2.97	63.94	36.06
267	1.46	74.03	25.97	0.24	84.00	16.00	2.91	68.89	31.11

（四）尖椒不同时期的养分含量

不同时期整株、果实和枝叶中 N、P、K 含量均为 K>N>P，枝叶中 N、K 含量不同时期均高于果实，而 P 则反之（表 5-51）。N、P、K 在整个植株中的含量在全生育期有降低趋势（图 5-48），播种后 126 d 整株 N 含量较定植时有所上升，并达最大值 3.72%，P、K 含量定植时最高，分别为 0.37%、6.60%，N、P、K 养分含量均在采收末期降至最低 1.46%、0.20%、3.05%。座果期开始不同时期各种养分在植株各部位的含量差异较大（表 5-51）。就果实和枝叶分别来看，N、P、K 含量在果实和枝叶中均以座果期（播种后 154~173 d）最高，果实中养分含量均在采收末期最低，而枝叶中 N、P、K 养分含量最低的时期不一致，分别在播种后 267 d、202 d、240 d 时降至最低值 1.54%、0.14%、3.56%。

表 5-51　尖椒不同播种天数后的养分含量（%，干重）

播种后天数（d）	整株			果实			枝叶		
	N	P	K	N	P	K	N	P	K
71	3.12	0.37	6.60						
126	3.72	0.36	5.21						
153	2.84	0.23	4.22						

续表

播种后天数（d）	整株			果实			枝叶		
	N	P	K	N	P	K	N	P	K
173	2.53	0.21	4.60	2.23	0.38	3.61	2.57	0.18	4.73
202	2.11	0.20	3.83	1.83	0.31	3.06	2.26	0.14	4.25
240	1.68	0.21	3.21	1.64	0.24	3.03	1.75	0.16	3.56
267	1.46	0.20	3.05	1.41	0.23	2.65	1.54	0.15	3.68

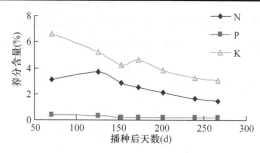

图 5-48　尖椒不同时期的养分含量

第七节　瓜类蔬菜（西葫芦）鲜干重增长动态和氮磷钾营养吸收特性

西葫芦（*Cucurbita pepo*）供试品种为杂交西葫芦瑞发。供试土壤为 8 年菜园土，质地壤土，前作西芹。土壤基本理化性质为：全氮 1.90 g/kg，硝态氮 238.97 mg/kg，速效 K 203.03 mg/kg，有效 P 40.28 mg/kg，有机质 27.77 g/kg，pH 6.76。2002 年 11 月 29 日播种，2003 年 4 月 30 日收获，全生育期 152 d。大棚设施栽培，行株距为 60 cm×100 cm。底肥施有机肥牛粪 73 264 kg/hm², 全生育期施纯 N 564.13 kg/hm²、P_2O_5 75.71 kg/hm²、K_2O 395.62 kg/hm²。田间管理按照常规栽培技术要求进行。

分别于 2003 年 1 月 2 日（幼苗期）、1 月 27 日（初花期）、2 月 17 日（初采期）、3 月 18 日（盛收期）、4 月 30 日（采收末期）选取有代表性、正常生长植株 6～10 株。初采期起样品分果实和废弃物制样，之前均为地上部混合样。初采期开始定株采样，盛收期和采收末期整株采样，两次整株采样之间只采收成熟嫩瓜。

一、西葫芦的生长动态

西葫芦初采期株高 41.7 cm，采收末期株高 134.0 cm，嫩瓜产量 63 056 kg/hm²。地上部鲜、干重随生育进程而增加（图 5-49），采收末期分别达最大值 7230.63 g/株、440.07 g/株，其中嫩瓜鲜、干重分别占整株鲜、干重 63.26%、62.99%。

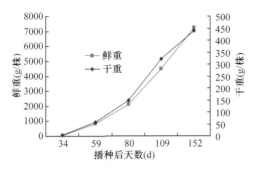

图 5-49 西葫芦鲜、干重增长动态

西葫芦不同阶段累积的鲜、干重不同,在初采期以前(播种后 1～59 d)鲜、干重增长缓慢,增长量仅分别占总鲜、干重的 11.18%、13.54%(表 5-52)。从初采期开始植株进入旺盛生长时期,鲜、干重急剧上升,鲜重在采收末期的 43 d 里增长量最大,占总鲜重的 37.71%,而干重在盛收期(播种后 81～109 d)增长量最大,占总干重的 39.81%;鲜、干重增长速率都随生育期推进而逐渐加快,到盛收期达最快,分别每天增加 82.91 g/株和 6.04 g/株。因此,盛收期至采收末期是鲜、干重增长最多和最快的时期。

表 5-52 西葫芦不同时期鲜、干重增长量

播种后天数(d)	生长期	鲜重			干重		
		阶段增长量(g/株)	占总重量比例(%)	阶段增长速率[g/(株·d)]	阶段增长量(g/株)	占总重量比例(%)	阶段增长速率[g/(株·d)]
1～34	幼苗期	47.5	0.66	1.40	4.17	0.95	0.12
35～59	初花期	760.83	10.52	30.43	55.41	12.59	2.22
60～80	初采期	1291.67	17.86	61.51	88.02	20.00	4.19
81～109	盛收期	2404.33	33.25	82.91	175.19	39.81	6.04
110～152	采收末期	2726.30	37.71	63.40	117.27	26.65	2.73
总计		7230.63	100		440.07	100	

西葫芦果实干物质阶段增长量占果实总干物质重的百分比和增长速率随收获期推进而不断增大,且一直持续到采收末期(表 5-53),采收末期是果实干物质重增长最多和增长最快时期,即 66.71% 的果实干物质是在采收末期的 43 d 里累积的,平均每天累积达 4.30 g/株。与茄果类蔬菜不同,盛收期是西葫芦枝叶干物质重增长量最大和增长最快的时期,增长量占枝叶总干物质重的 74.07%,平均每天累积 4.16 g/株。采收末期枝叶干物质重下降,出现负增长,枝叶干物质重下降了最大枝叶干物质重的 29.4%。与茄果类蔬菜相同,随果实膨大、收获期推进,果实所占整株干物质重比例不断增加,到采收末期西葫芦果实干物质重占整株干物质重比例达最大,为 62.99%,而枝叶则相反,由初采期占整株干物质重比例最大

值（74.45%）降至采收末期的最低值（37.01%）。由此可见，果实干物质重超过枝叶是在采收末期，在此之前植株以枝叶增重为主。

表 5-53　西葫芦收获期的干物质积累

播种后天数（d）	生长期	果实			枝叶		
		阶段增长量占果实总重量比例（%）	阶段增长速率[g/（株·d）]	占整株重量比例（%）	阶段增长量占枝叶总重量比例（%）	阶段增长速率[g/（株·d）]	占整株重量比例（%）
60~80	初采期	13.60	1.80	25.55	30.89	2.40	74.45
81~109	盛收期	19.68	1.88	28.58	74.07	4.16	71.42
110~152	采收末期	66.71	4.30	62.99	-41.55	-1.57	37.01

二、西葫芦的养分吸收特性

从图 5-50 可知，西葫芦在生长过程中对 N、P、K 养分的吸收量随生长发育而不断增加，到收获结束时分别达最大养分吸收量 15.04 g/株、2.90 g/株、23.98 g/株。西葫芦对各营养元素的吸收量大小顺序为 K＞N＞P。研究结果表明，在嫩瓜产量为 63 056 kg/hm² 水平下，每生产 1000 kg 商品净菜的养分吸收量为 N 3.16 kg、P 0.68 kg、K 5.75 kg，比例为 1：0.22：1.82，每公顷带走的养分量分别为 N 199.26 kg、P 42.88 kg、K 362.57 kg。收获结束时，果实吸收量占整株 N、P、K 吸收量的 60.82%、60.04%、48.06%。

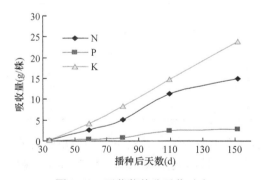

图 5-50　西葫芦养分吸收动态

三、西葫芦不同时期的养分吸收量及比例、速率

由表 5-54 可知，西葫芦初采期以前（定植后 1~59 d）对养分的吸收量很小，N、P、K 吸收量占各自总吸收量的 17.58%、11.15%、17.30%。不同时期养分吸收量和吸收速率随生育期推进而增加，N、P 养分阶段吸收量最大时期是盛收期，

分别占总吸收量的41.99%、53.57%,之后降低；K阶段吸收量最大时期是采收末期,占K吸收总量的38.33%。N、P、K吸收最快时期是盛收期。由此可知,采收中后期的72 d是养分吸收主要时期,65.5%~70.61%的养分是在该时期累积的。

表 5-54　西葫芦不同时期的养分吸收量及比例、速率

播种后天数（d）	阶段增长量（g/株）			占总吸收量比例（%）			阶段吸收速率[mg/(株·d)]			N∶P∶K
	N	P	K	N	P	K	N	P	K	
1~34	0.19	0.03	0.25	1.27	1.05	1.05	5.61	0.89	7.37	1∶0.16∶1.31
35~59	2.45	0.29	3.90	16.31	10.10	16.25	98.07	11.70	155.85	1∶0.12∶1.59
60~80	2.46	0.53	4.12	16.33	18.24	17.20	116.93	25.16	196.38	1∶0.22∶1.68
81~109	6.31	1.55	6.51	41.99	53.57	27.17	217.71	53.50	224.63	1∶0.25∶1.03
110~152	3.63	0.49	9.19	24.11	17.04	38.33	84.31	11.48	213.75	1∶0.14∶2.54
总计	15.04	2.90	23.98	100	100	100				1∶0.19∶1.59

西葫芦不同时期都是吸收K最多,N其次,P最少,但不同时期N、P、K吸收比例差别较大,为1∶(0.12~0.25)∶(1.03~2.54)。全生育期整株N、P、K吸收比例为1∶0.19∶1.59。

西葫芦自初采期起分配到果实中的养分比例随收获期延长而增加（表 5-55）,采收末期分配到果实中的N、P、K养分量达最大值且均超过枝叶,分别占整株养分吸收量的60.82%、60.04%、48.06%,即收获结束时植株吸收的N、P、K主要集中在果实中。采收末期以前（播种后1~109 d）吸收的养分主要分配到枝叶中,N、P、K均分别占此期植株各养分吸收量的70%以上。

表 5-55　西葫芦不同播种天数后的养分分配

播种后天数（d）	N			P			K		
	累积量（g/株）	分配比例（%）		累积量（g/株）	分配比例（%）		累积量（g/株）	分配比例（%）	
		果实	枝叶		果实	枝叶		果实	枝叶
80	5.10	21.83	78.17	0.85	34.61	65.39	8.27	21.71	78.29
109	11.41	25.90	74.10	2.40	29.51	70.49	14.79	28.68	71.32
152	15.04	60.82	39.18	2.90	60.04	39.96	23.98	48.06	51.94

四、西葫芦不同时期的养分含量

与尖椒相同,西葫芦不同时期整株、果实和枝叶中N、P、K含量均为K>N>P,枝叶中N、K含量不同时期均高于果实,而P则反之（表 5-56）。N在整个植株中的含量在全生育期有降低趋势,由播种后34 d的最大值4.57%降至收获结束时的最低值3.42%,但P、K变化规律不明显,P、K含量变化范围分别在0.54%~0.74%、

4.58%～7.48%。N 在枝叶中的含量较稳定，而在果实中不同时期含量波动较大，为 1.60%～3.20%，除 P 在果实中含量稍有降低趋势外，P、K 在果实和枝叶中含量均波动较大。

表 5-56　西葫芦不同播种天数后的养分含量（%，干重）

播种后天数（d）	整株			果实			枝叶		
	N	P	K	N	P	K	N	P	K
34	4.57	0.73	6.00						
59	4.44	0.54	6.96						
80	3.45	0.58	5.60	2.95	0.78	4.76	3.63	0.51	5.89
109	3.54	0.74	4.58	3.20	0.77	4.60	3.67	0.74	4.57
152	3.42	0.71	7.48	1.60	0.73	5.92	3.62	0.71	7.65

第八节　豆类蔬菜鲜干重增长动态和氮磷钾营养吸收特性

一、荷兰豆

荷兰豆（*Pisum sativum* var. *macrocarpon*）因采用搭架排植的栽种方式，故采取定架采样方法。采样株数初采期以前 20 株，初采期起定架取样约 200 株。荷兰豆营养生长和生殖生长同时进行，边开花、边结荚、边采收，采收期长达 49 d，占全生育期的近一半时间，初采期起样品分果实和枝叶制样，之前均为地上部混合样；盛收期和采收末期整株采样，两次整株采样之间只采收商品成熟嫩豆荚。栽培规格为架距 142 cm，每架长 2.7～3.0 m。底肥施有机肥鸡粪 25 079.62 kg/hm^2，全生育期施纯 N 349.02 kg/hm^2、P$_2$O$_5$ 83.60 kg/hm^2、K$_2$O 156.75 kg/hm^2。田间管理按照常规栽培技术要求进行。其他信息见表 5-57 和表 5-58。

表 5-57　几种豆类蔬菜试验地基本情况

作物	品种	棚龄（年）	质地	前作	全氮（g/kg）	硝态氮（mg/kg）	速效 K（mg/kg）	有效 P（mg/kg）	有机质（g/kg）	pH	设施条件
荷兰豆	—	12	壤土	紫甘蓝	2.51	67.06	104.95	99.97	36.10	7.45	露地
甜豌豆	—	8	壤土	西芹	2.13	42.67	163.31	57.04	36.16	6.44	露地
菜豆	—	6	砂壤	青菜	1.73	17.72	217.63	82.81	26.38	7.87	露地

表 5-58　几种豆类蔬菜采样日程表（年/月/日）

作物	播种日期	结束采收日期	全生育期（d）	第 1 次采样	第 2 次采样	第 3 次采样	第 4 次采样	第 5 次采样
荷兰豆	2002/5/31	9/10	102	7/5（抽蔓期）	7/14（初花期）	7/24（初采期）	8/26（盛收期）	9/10（采收末期）
甜豌豆	2002/7/29	12/24	148	9/1（抽蔓期）	9/12（初花期）	9/21（初采期）	11/12（盛收期）	12/24（采收末期）
菜豆	2002/4/7	7/18	102	5/1（抽蔓期）	5/26（初花期）	6/22（初采期）	7/3（盛收期）	7/18（采收末期）

（一）荷兰豆的生长动态

荷兰豆初采期平均株高 128.7 cm，盛收期达最高 224.0 cm，采收末期稍有降低，为 202.8 cm，豆荚产量 7217.7 kg/hm²。地上部鲜、干重随生育进程而增加（图 5-51），至盛收期分别达最大值 70.83 g/株、12.29 g/株，收获结束时鲜、干重均有下降，降幅分别达 33.2%、19.4%。采收末期豆荚累积鲜、干重分别占整株总鲜、干重的 60.63%、39.94%。

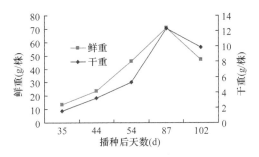

图 5-51 荷兰豆鲜、干重增长动态

表 5-59 表明，荷兰豆不同阶段累积的鲜、干重不同，具有前慢后快的特点。初花期是转折点，即随着植株进入初花期，鲜、干重增长幅度明显提升，其中盛收期是鲜重和干重增长量最大时期，初采期和盛收期分别是鲜重和干重增长最快的时期，说明初采期至盛收期是植株旺盛生长时期，其中盛收期的 33 d 累积了总鲜重的 52.92%和总干重的 70.46%。采收末期鲜、干重均下降，鲜重降幅较干重大，分别每天降低 1.57 g/株和 0.16 g/株。

表 5-59 荷兰豆不同时期鲜、干重增长量

播种后天数（d）	生长期	鲜重			干重		
		阶段增长量（g/株）	占总重量比例（%）	阶段增长速率[g/（株·d）]	阶段增长量（g/株）	占总重量比例（%）	阶段增长速率[g/（株·d）]
1～35	抽蔓期	13.39	28.31	0.38	1.50	15.17	0.04
36～44	初花期	10.32	21.82	1.15	1.73	17.41	0.19
45～54	初采期	22.07	46.65	2.21	2.09	21.05	0.21
55～87	盛收期	25.04	52.92	0.76	6.98	70.46	0.21
88～102	采收末期	-23.51	-49.69	-1.57	-2.39	-24.10	-0.16
总计		47.32	100		9.91	100	

荷兰豆豆荚干物质阶段增长量占豆荚总干物质重的百分比和增长速率在初采期和采收末期都很低（表 5-60），而盛收期的 33 d 是果实干物质增重最多和增长最快时期，增长量占豆荚总干物质重的 90.74%，每天积累 0.11 g/株。豆荚干物质

阶段增长量占整株干物质重比例随收获期推进而上升，从初采期的 5.88%上升至采收末期的 39.94%，而枝叶则相反，但始终占整株干物质重的绝大部分（60%以上）。采收末期枝叶干物质重下降，出现负增长，枝叶干物质重下降了最大枝叶干物质重的 29.1%。

表 5-60　荷兰豆收获期的干物质积累

播种后天数（d）	生长期	豆荚			枝叶		
		阶段增长量占果实总重量比例（%）	阶段增长速率[g/(株·d)]	占整株重量比例（%）	阶段增长量占枝叶总重量比例（%）	阶段增长速率[g/(株·d)]	占整株重量比例（%）
45～54	初采期	7.90	0.03	5.88	29.80	0.18	94.12
55～87	盛收期	90.74	0.11	31.75	56.98	0.10	68.25
88～102	采收末期	1.36	0.004	39.94	−41.03	−0.16	60.06

（二）荷兰豆的养分吸收特性

从图 5-52 可知，荷兰豆养分吸收量动态与鲜、干重增长动态规律相似，随生育期推进，养分吸收量逐渐增加，至盛收期 N、K 吸收量达最大值，分别为 0.35 g/株、0.20 g/株，采收末期因枝叶枯萎、脱落，N、K 吸收量下降，降幅分别达 29.1%、12.7%；P 的吸收量则随生长发育不断增加至收获结束时达最大值 35.16 mg/株。与其他蔬菜种类不同，荷兰豆不同生育期对各营养元素的吸收量大小顺序均为 N＞K＞P。研究结果表明，在豆荚产量为 7217.7 kg/hm² 水平下，每生产 1000 kg 商品净菜的养分吸收量为 N 8.56 kg、P 1.23 kg、K 5.95 kg，比例为 1∶0.14∶0.70，每公顷带走的养分量分别为 N 61.78 kg、P 8.88 kg、K 42.94 kg。收获结束时，豆荚吸收量占整株 N、P、K 吸收量的 48.68%、51.98%、26.23%，可见，K 主要储存在枝叶中。

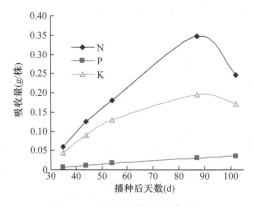

图 5-52　荷兰豆养分吸收动态

（三）荷兰豆不同时期的养分吸收量及比例、速率

荷兰豆整株、豆荚和枝叶均以吸收 N 最多，其次是 K，最少是 P，N、P、K 养分吸收比例各时期为 1：（–0.04～0.10）：（0.25～0.73），整株全生育期吸收比例为 1：0.14：0.70（表 5-61）。盛收期以前（播种后 1～54 d）各阶段养分吸收量较接近，各阶段 N、P、K 吸收量分别占总吸收量的 23%～27%、16%～17%、23%～28%。之后养分吸收量急剧上升，即播种后 55～87 d（盛收期）是养分吸收量最大时期，N、P、K 吸收量分别占总吸收量的 67.15%、37.56%、38.58%。吸收速率最快时期是初花期（播种后 36～44 d），每天吸收量达 7.29 mg N/株、0.62 mg P/株、5.23 mg K/株，之后逐渐降低。采收末期 N、K 吸收量下降，N 的降低速率较 K 快，两者分别为每天减少 6.75 mg/株、1.66 mg/株。

表 5-61 荷兰豆不同时期的养分吸收量及比例、速率

播种后天数（d）	阶段增长量（mg/株）			占总吸收量比例（%）			阶段吸收速率[mg/(株·d)]			N：P：K
	N	P	K	N	P	K	N	P	K	
1～35	59.92	6.14	43.53	24.40	17.47	25.48	1.71	0.18	1.24	1：0.10：0.73
36～44	65.57	5.56	47.03	26.70	15.82	27.53	7.29	0.62	5.23	1：0.08：0.72
45～54	55.55	5.80	39.24	22.62	16.51	22.97	5.55	0.58	3.92	1：0.10：0.71
55～87	165.78	13.24	65.90	67.51	37.65	38.58	5.02	0.40	2.00	1：0.08：0.40
88～102	–101.24	4.41	–24.86	–41.23	12.56	–14.56	–6.75	0.29	–1.66	1：–0.04：0.25
总计	245.57	35.16	170.82	100	100	100				1：0.14：0.70

随收获期延续，荷兰豆植株吸收的 N、K 分配到果实中的比例上升，而枝叶则反之（表 5-62）。采收末期整株 N 和 K 积累量虽有下降，但豆荚中 N 和 K 的分配百分比仍有上升，说明枝叶中的 N、K 养分在生长后期向豆荚中转移，弥补了后期根系养分吸收能力下降，枝叶枯萎、脱落而造成的养分供应亏缺，保证了后期豆荚仍有一定的干物质积累和产量增长。收获结束时枝叶中集中了大部分 N、K，分别占整株吸收量的 51.32%、73.77%，而 P 主要集中在果实中（51.98%）。

表 5-62 荷兰豆不同播种天数后的养分分配

播种后天数（d）	N			P			K		
	累积量（g/株）	分配比例（%）		累积量（g/株）	分配比例（%）		累积量（g/株）	分配比例（%）	
		豆荚	枝叶		果实	枝叶		果实	枝叶
54	0.18	6.02	93.98	0.02	9.79	90.21	0.13	4.13	95.87
87	0.35	36.67	63.33	0.03	55.41	44.59	0.20	22.67	77.33
102	0.25	48.68	51.32	0.04	51.98	48.02	0.17	26.23	73.77

(四）荷兰豆不同时期的养分含量

荷兰豆整株、豆荚和枝叶养分含量均有随生育期推进而下降的趋势（图5-53和表5-63），整株N、P、K含量变化范围分别在2.48%～3.99%、0.25%～0.41%、1.59%～2.90%。不同时期整株、豆荚和枝叶中养分含量均为N>K>P，豆荚中N、P含量不同时期均高于枝叶，而K含量则为枝叶高于豆荚。

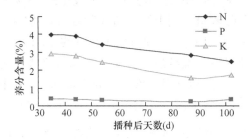

图5-53 荷兰豆不同时期的养分含量

表5-63 荷兰豆不同播种天数后的养分含量（%，干重）

播种后天数（d）	整株			豆荚			枝叶		
	N	P	K	N	P	K	N	P	K
35	3.99	0.41	2.90						
44	3.89	0.36	2.81						
54	3.41	0.33	2.44	3.49	0.55	1.71	3.40	0.32	2.49
87	2.82	0.25	1.59	3.26	0.44	1.14	2.62	0.16	1.80
102	2.48	0.35	1.72	3.02	0.46	1.13	2.12	0.28	2.12

二、甜豌豆

甜豌豆（*Pisum sativum* var. *hortense*）与荷兰豆相同，均采用搭架排植的栽种方式，故采取定架采样方法。采样株数初采期以前27株，初采期起定架取样60～83株。甜豌豆收获期较荷兰豆长，为95 d，占全生育期的64.2%。采样方法同荷兰豆。栽培规格为架距100 cm，每架长2.7～3.0 m。未施有机肥，全生育期施纯N 848.60 kg/hm^2、P$_2$O$_5$ 773.52 kg/hm^2、K$_2$O 434.70 kg/hm^2。田间管理按照常规栽培技术要求进行。其他信息见表5-57和表5-58。

（一）甜豌豆生长动态

甜豌豆初采期平均株高108.4 cm，盛收期达最高191.7 cm，豆荚产量33 351 kg/hm^2。地上部鲜、干重随生育进程而增加（图5-54），至收获结束时分别达最大值237.54 g/株、48.03 g/株。采收末期豆荚累积鲜、干重分别占整株总鲜、干重的

72.17%、53.11%。

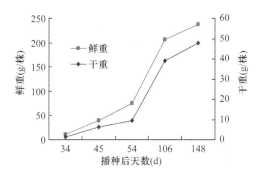

图 5-54 甜豌豆鲜、干重增长动态

甜豌豆播种后 1~54 d 即盛收期以前，鲜、干重增长量虽逐渐增加，但较为缓慢，总增长量占总鲜、干重的 31.7%、20.02%（表 5-64）。初采期后，植株进入盛收期，鲜、干重急剧增加，此期增长量占总鲜、干重的 55.23%、61.12%。阶段增长速率随生育期推进而加快，鲜、干重增长最快的时期分别是初采期和盛收期，采收末期增长量和增长速率均有下降。与荷兰豆相似，初采期至盛收期是植株旺盛生长时期，其中盛收期的 52 d 里累积了总鲜、干重的 55%以上。

表 5-64 甜豌豆不同时期鲜、干重增长量

播种后天数（d）	生长期	鲜重			干重		
		阶段增长量（g/株）	占总重量比例（%）	阶段增长速率[g/（株·d）]	阶段增长量（g/株）	占总重量比例（%）	阶段增长速率[g/（株·d）]
1~34	抽蔓期	11.15	4.69	0.33	1.45	3.01	0.04
35~45	初花期	28.35	11.94	2.58	4.85	10.11	0.44
46~54	初采期	35.80	15.07	3.98	3.31	6.90	0.37
55~106	盛收期	131.19	55.23	2.52	29.35	61.12	0.57
107~148	采收末期	31.05	13.07	0.74	9.06	18.87	0.22
总计		237.54	100		48.03	100	

与荷兰豆相似，甜豌豆盛收期的 52 d 是豆荚和枝叶干物质增重最多和增长最快时期，豆荚增长量占豆荚总干物质重的 64.94%，每天积累 0.32 g/株；枝叶增长量占枝叶总干物质重的 56.80%，每天积累 0.25 g/株（表 5-65）。就阶段干物质增长量而言，不同时期豆荚和枝叶的贡献不同，随收获期推进，豆荚不同收获期增重量占总干物质重的百分比由初采期的 32%升至采收末期的 87%，而枝叶则反之，采收末期仅占 13%。豆荚总干物质重占整株干物质重比例随收获期推进而上升，采收末期超过枝叶所占百分比，达 53.11%，而枝叶则相反。豆荚和枝叶干物质重阶段增长量占各自总干物质重的百分比和增长速率在初采期和采收末期都很低。

表 5-65　甜豌豆采收期的干物质积累

播种后天数（d）	生长期	豆荚			枝叶		
		阶段增长量占豆荚总重量比例（%）	阶段增长速率[g/(株·d)]	阶段增长量占整株重量比例（%）	阶段增长量占枝叶总重量比例（%）	阶段增长速率[g/(株·d)]	阶段增长量占整株重量比例（%）
46～54	初采期	4.18	0.12	11.09	9.98	0.25	88.91
55～106	盛收期	64.94	0.32	45.24	56.80	0.25	54.76
107～148	采收末期	30.88	0.19	53.11	5.25	0.03	46.89

（二）甜豌豆的养分吸收特性

从图 5-55 可知，甜豌豆养分吸收量随生育期推进而上升，N、P、K 最大值均出现在收获结束时，分别达 1.20 g/株、0.11 g/株、0.69 g/株。与荷兰豆相同，甜豌豆不同生育期对各营养元素的吸收量大小顺序均为 N＞K＞P。研究结果表明，在豆荚产量为 33 351 kg/hm² 水平下，每生产 1000 kg 商品净菜的养分吸收量为 N 6.93 kg、P 0.67 kg、K 4.13 kg，比例为 1∶0.10∶0.60，每公顷吸收带走的养分量分别为 N 231.12 kg、P 22.35 kg、K 137.74 kg。收获结束时，果实吸收量分别占整株 N、P、K 吸收量的 68.45%、87.56%、42.12%，可见，N、P 主要储存在果实中，而 K 主要在枝叶中。

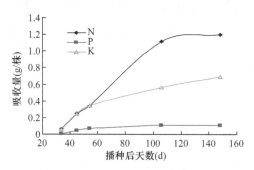

图 5-55　甜豌豆养分吸收动态

（三）甜豌豆不同时期的养分吸收量及比例、速率

甜豌豆整株、豆荚和枝叶均以吸收 N 最多，其次是 K，最少是 P，不同时期整株养分吸收比例不同，初采期以前 N、K 吸收比例约为 1∶1，初采期和采收末期 K 吸收量超过 N，N∶K 分别为 1∶1.67 和 1∶1.48，整株全生育期吸收比例为 1∶0.09∶0.58（表 5-66）。N 在盛收期吸收量急剧上升，即播种后 55～106 d 是 N 吸收量最大时期，占总吸收量的 64.43%；P 有两个吸收量高峰，即播种后 35～45 d（初花期）和 55～106 d（盛收期），分别占总吸收量的 37.82%和 36.48%；K 在初

花期前吸收量较小，初花期至盛收期增长较平稳，其中盛收期是吸收量最大时期（占总吸收量的 31.45%）。N、P、K 吸收速率最快时期是初花期（播种后 35～45 d），之后逐渐降低。

表 5-66　甜豌豆不同时期的养分吸收量及比例、速率

播种后天数（d）	阶段增长量（mg/株）			占总吸收量比例（%）			阶段吸收速率[mg/(株·d)]			N:P:K
	N	P	K	N	P	K	N	P	K	
1～34	65.05	5.44	60.64	5.40	4.93	8.76	1.91	0.16	1.78	1:0.08:0.93
35～45	187.44	41.70	181.62	15.57	37.82	26.24	17.04	3.79	16.51	1:0.22:0.97
46～54	89.31	22.86	104.14	7.42	20.73	15.05	9.92	2.54	11.57	1:0.26:1.67
55～106	775.73	40.23	217.67	64.43	36.48	31.45	14.92	0.77	4.19	1:0.05:0.28
107～148	86.49	0.04	128.03	7.18	0.04	18.50	2.06	0.001	3.05	1:0.01:1.48
总计	1204.02	110.27	692.10	100	100	100				1:0.09:0.58

由表 5-67 可知，随收获期推进，豆荚养分阶段吸收量不断上升，盛收期是豆荚 N、P、K 养分吸收量最大和吸收最快时期，是豆荚养分吸收高峰期。该期也是枝叶中 N 吸收量最大时期，采收末期枝叶 N 吸收量下降了 18.6%，而整株和豆荚 N 吸收量均有上升，说明采收末期枝叶中的 N 转移到了豆荚中，但豆荚 N 增加量超过枝叶 N 减少量，因而整株吸收 N 量增加。枝叶中 P 在初采期达吸收量最大值，之后吸收量开始下降，至采收末期下降幅度达 72.58%，可见，初采期后枝叶中 P 开始向果实中转移。从播种至初采期是枝叶 K 吸收的主要时期，占 K 总吸收量的 81.49%，之后虽总吸收量不断增加，但阶段吸收量逐渐下降。

表 5-67　甜豌豆收获期的豆荚和枝叶养分积累

播种后天数（d）	生长期	豆荚阶段增长量（mg/株）			枝叶阶段增长量（mg/株）		
		N	P	K	N	P	K
46～54	初采期	34.99	20.00	19.94	54.32	2.86	84.20
55～106	盛收期	616.12	56.55	176.50	159.61	−16.3	41.20
107～148	采收末期	173.07	20.01	95.10	−86.57	−20.00	32.93

随收获期延续，甜豌豆植株吸收的 N、P、K 分配到果实中的比例上升，而枝叶则反之（表 5-68）。播种后 106 d，分配到果实中的 N、P 开始多于枝叶，收获结束时果实吸收的 N、P 量分别占整株吸收量的 68.45% 和 87.56%。分配到枝叶中的 K 虽随收获期推进而降低，但始终高于果实中 K 的分配量，即植株吸收的 K 大部分分配到枝叶中，采收末期仍占 57.88%。

表 5-68　甜豌豆不同播种天数后的养分分配

播种后天数 (d)	N			P			K		
	累积量 (g/株)	分配比例 (%)		累积量 (g/株)	分配比例 (%)		累积量 (g/株)	分配比例 (%)	
		豆荚	枝叶		豆荚	枝叶		豆荚	枝叶
54	0.34	10.24	89.76	0.03	15.54	84.46	0.35	5.76	94.24
106	1.12	58.26	41.74	0.11	69.44	30.56	0.56	34.82	65.18
148	1.20	68.45	31.55	0.11	87.56	12.44	0.69	42.12	57.88

（四）甜豌豆不同时期的养分含量

由图 5-56 和表 5-69 可知，甜豌豆整株、豆荚和枝叶养分含量均有随生育期推进而下降的趋势，整株 N、P、K 含量降幅分别达 47.6%、52.6%、65.6%。不同时期整株、豆荚和枝叶中各养分含量均为 N>K>P，豆荚中 N、P 含量除初采期豆荚 N 含量稍低于枝叶外，其余时期均为豆荚高于枝叶，而 K 含量则为枝叶高于豆荚，这与豆荚 N、P 吸收量高于枝叶，而枝叶 K 吸收量高于果实相一致。

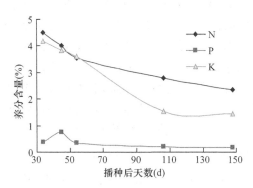

图 5-56　甜豌豆不同时期的养分含量

表 5-69　甜豌豆不同播种天数后的养分含量（%，干重）

播种后天数 (d)	整株			豆荚			枝叶		
	N	P	K	N	P	K	N	P	K
34	4.50	0.38	4.19						
45	4.01	0.75	3.85						
54	3.56	0.35	3.60	3.28	0.49	1.87	3.59	0.33	3.82
106	2.80	0.22	1.55	3.16	0.33	1.19	2.19	0.16	1.72
148	2.36	0.18	1.44	3.23	0.33	1.01	1.69	0.06	1.78

三、菜豆

菜豆（*Phaseolus coccineus*）为蔓生豆类蔬菜，相邻 4 塘搭架呈方锥形，每塘种植 2～3 株,初花期起因藤蔓相互缠绕,故采取定架采样方法,采样株数十株。菜豆收获期较短,为 27 d,占全生育期的 26.5%。收获期样品分果实和枝叶制样,之前均为地上部混合样。盛收期和采收末期整株采样,两次整株采样之间只采收商品成熟嫩豆荚。栽培规格为架距 85 cm,塘距 30 cm。底肥施有机肥猪粪 99 178.51 kg/hm^2,全生育期未施化肥。田间管理按照常规栽培技术要求进行。其他信息见表 5-67 和表 5-68。

(一)菜豆的生长动态

菜豆初采期平均株高 153.0 cm,盛收期达最高 206.0 cm,豆荚产量 24 794.6 kg/hm^2。地上部鲜、干重随生育进程而增加(图 5-57),至收获结束时分别达最大值 137.29 g/株、42.21 g/株。采收末期豆荚累积鲜、干重分别占整株总重的 41.16%、57.43%。

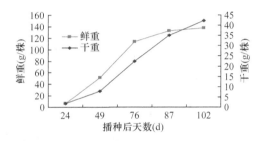

图 5-57 菜豆鲜、干重增长动态

菜豆播种后 1～24 d 即初花期以前,鲜、干重增长缓慢,增长量仅分别占总鲜、干重的 4.92%、4.02%(表 5-70)。进入初花期后,鲜、干重急剧增加,初采期是鲜、干重增重最多的时期,分别占总鲜、干重的 44.85%、34.52%,也是鲜重增长最快时期,该时期植株营养生长和生殖生长并进,是开花、结荚、果实膨大和枝叶生长同时进行的时期,植株生长旺盛,是植株鲜、干重累积高峰期。干重增重最快的时期是盛收期,采收末期增长量和增长速率均有所下降。

表 5-70 菜豆不同时期鲜、干重增长量

播种后天数(d)	生长期	鲜重			干重		
		阶段增长量(g/株)	占总重量比例(%)	阶段增长速率[g/(株·d)]	阶段增长量(g/株)	占总重量比例(%)	阶段增长速率[g/(株·d)]
1～24	抽蔓期	6.75	4.92	0.28	1.70	4.02	0.07
25～49	初花期	44.85	32.67	1.79	6.23	14.76	0.25
50～76	初采期	61.57	44.85	2.28	14.57	34.52	0.54
77～87	盛收期	19.14	13.94	1.74	12.53	29.69	1.14
88～102	末收期	4.97	3.62	0.33	7.18	17.01	0.48
总计		137.29	100		42.21	100	

由表 5-71 可知，豆荚干物质重的 45.33% 是在初采期累积的，而 33.93% 的枝叶干物质重是在盛收期累积的；豆荚和枝叶干物质重增长最快的时期都是盛收期。与其他豆类蔬菜相似，菜豆豆荚总干物质重占整株干物质重比例随收获期推进而上升，采收末期超过枝叶所占百分比，达 57.43%，而枝叶则相反。

表 5-71　菜豆收获期的干物质积累

播种后天数（d）	生长期	豆荚			枝叶		
		阶段增长量占豆荚总重量比例（%）	阶段增长速率 [g/（株·d）]	占整株重量比例（%）	阶段增长量占枝叶总重量比例（%）	阶段增长速率 [g/（株·d）]	占整株重量比例（%）
50~76	初采期	45.33	0.41	48.85	19.92	0.13	51.15
77~87	盛收期	26.55	0.59	49.74	33.93	0.55	50.26
88~102	末收期	28.12	0.45	57.43	2.03	0.02	42.57

（二）菜豆的养分吸收特性

从图 5-58 可知，菜豆不同生育期对各营养元素的吸收量大小顺序均为 N>K>P，各养分吸收量随生育期推进而上升，N、P、K 最大值均出现在收获结束时，分别达 1.14 g/株、0.15 g/株、0.68 g/株。研究结果表明，在豆荚产量为 24 794.6 kg/hm² 水平下，每生产 1000 kg 商品净菜的养分吸收量为 N 20.48 kg、P 2.65 kg、K 12.27 kg，比例为 1∶0.13∶0.60，每公顷带走的养分量分别为 N 507.79 kg/hm²、P 65.71 kg/hm²、K 304.23 kg/hm²。收获结束时，果实吸收量分别占整株 N、P、K 在吸收量的 66.38%、64.89%、58.81%，可见，N、P、K 在果实中的储存量均超过枝叶。

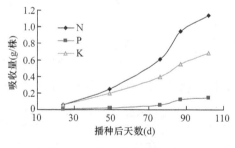

图 5-58　菜豆养分吸收动态

（三）菜豆不同时期的养分吸收量及比例、速率

菜豆整株、豆荚和枝叶均以吸收 N 最多，其次是 K，最少是 P。初采期前养分吸收少且慢，进入初采期植株养分吸收量增长迅速，开始进入吸收高峰期，N、K 吸收量最大时期为初采期，而 P 在盛收期，各期 N、P、K 吸收量分别占总吸收

量的 31.52%、42.75%、29.82%。N、P、K 吸收速率随生育期推进而不断加快，吸收最快时期都在盛收期，之后逐渐降低（表 5-72）。

表 5-72　菜豆不同时期的养分吸收量及比例、速率

播种后天数（d）	阶段增长量（mg/株）			占总吸收量比例（%）			阶段吸收速率[mg/（株·d）]			N：P：K
	N	P	K	N	P	K	N	P	K	
1～24	60.79	5.22	60.27	5.34	3.55	8.82	2.53	0.22	2.51	1：0.09：0.99
25～49	189.28	20.10	134.87	16.64	13.67	19.75	7.57	0.80	5.39	1：0.11：0.71
50～76	358.58	35.18	203.64	31.52	23.92	29.82	13.28	1.30	7.54	1：0.10：0.57
77～87	340.86	62.89	156.40	29.97	42.75	22.90	30.99	5.72	14.22	1：0.18：0.46
88～102	187.98	23.72	127.79	16.53	16.12	18.71	12.53	1.58	8.52	1：0.13：0.68
总计	1137.48	147.11	682.97	100	100	100				1：0.13：0.60

不同时期整株养分吸收比例不同（表 5-72），除抽蔓期 N、K 吸收比例约为 1：1 外，其余生育期均为 N 含量高于 K，整株全生育期 N、P、K 吸收比例为 1：0.13：0.60。

由表 5-73 可知，随收获期推进，豆荚养分累积量不断上升，但阶段增长量不断下降。初采期是豆荚 N、P、K 养分增长量最大时期，而该期枝叶增长量很少，表明果实养分吸收量对整株该时期养分累积量贡献最大。收获期间果实 N、P、K 阶段增长量均高于枝叶。采收末期枝叶中除 K 累积量仍上升外，N、P 累积量分别下降了 2.94%、3.67%，而整株和豆荚 N、P、K 累积量均有上升，说明采收末期枝叶中的 N、P 转移到了豆荚中，即枝叶中 N、P 在盛收期达累积量最大值。

表 5-73　菜豆收获期的豆荚和枝叶养分积累

播种后天数（d）	生长期	豆荚阶段增长量（mg/株）			枝叶阶段增长量（mg/株）		
		N	P	K	N	P	K
50～76	初采期	334.72	37.71	189.45	23.86	12.52	14.20
77～87	盛收期	220.73	32.07	106.30	120.14	30.82	50.10
88～102	末收期	199.57	25.69	105.89	-11.60	-1.97	21.90

同其他豆类蔬菜，随收获期延续，菜豆植株吸收的 N、P、K 分配到果实中的比例上升，而枝叶则反之（表 5-74）。从初采期开始分配到果实中的 N、P 大于枝叶，而 K 在盛收期开始高于枝叶。收获结束时整株吸收的 N、P、K 主要集中在果实中，分别占整株吸收量的 66.38%、64.89% 和 58.81%。

（四）菜豆不同时期的养分含量

菜豆整株（图 5-59）和枝叶养分含量的变化规律是：随生育期推进至盛收期 N、K 含量呈下降趋势，而 P 稍有上升，整株 N、K 含量降幅分别达 31.56%、55.77%（表 5-75）。豆荚中养分含量不同收获期基本保持平稳，变化不大。不同时期整株、

表 5-74　菜豆不同播种天数后的养分分配

播种后天数（d）	N			P			K		
	累积量（g/株）	分配比例（%）		累积量（g/株）	分配比例（%）		累积量（g/株）	分配比例（%）	
		豆荚	枝叶		豆荚	枝叶		豆荚	枝叶
76	0.61	54.99	45.01	0.06	62.32	37.68	0.40	47.51	52.49
87	0.95	58.50	41.50	0.12	56.54	43.46	0.56	53.27	46.73
102	1.14	66.38	33.62	0.15	64.89	35.11	0.68	58.81	41.19

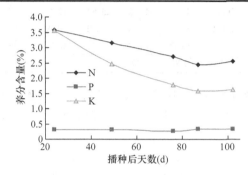

图 5-59　菜豆整株养分含量

表 5-75　菜豆不同播种天数后的养分含量（%，干重）

播种后天数（d）	整株			豆荚			枝叶		
	N	P	K	N	P	K	N	P	K
24	3.58	0.31	3.55						
49	3.15	0.32	2.46						
76	2.71	0.27	1.77	3.05	0.34	1.72	2.38	0.20	1.82
87	2.45	0.33	1.57	2.95	0.39	1.80	2.24	0.30	1.47
102	2.54	0.34	1.63	3.15	0.41	1.73	2.13	0.29	1.57

果实和枝叶中各养分含量均为 N>K>P，豆荚中 N、P、K 含量均高于枝叶，这与采收末期果实 N、P、K 吸收量高于枝叶相一致。

第六章 保护地石竹干物质积累和养分吸收特性研究

石竹（*Dianthus caryophyllus*）又名康乃馨、麝香石竹，为石竹科石竹属宿根性草本植物。其是世界著名的四大切花之一，是世界销售量最高的切花，占世界切花销售总额的 40%。1998 年国内种植面积达 1061 hm^2，销售量为 70 225 万枝，居切花总销售量的首位（成海钟和蔡曾煜，2000）。作为国内花卉主产地之一的云南省昆明市呈贡区，石竹栽培面积约达到当地花卉栽培面积的 60%。迄今，石竹的研究多集中在栽培措施、病虫害防治等方面（成海钟和蔡曾煜，2000；劳秀荣，2000），而针对营养吸收规律和需肥特性的研究尚未有报道。本章旨在对保护地中石竹的生长动态及其对 N、P、K 的吸收累积特性进行探讨，以期为其高产栽培及合理施肥提供理论依据。

第一节 材料和方法

试验点设在昆明鲜切花主产地之一呈贡县大渔乡，供试土壤为 2 年菜园土，质地沙壤，前作石竹。设施类型为竹架塑料大棚，长 46.5 m，宽 3.9 m，高 1.8 m。土壤主要理化性质为：全氮 1.71 g/kg，硝态氮 31.61 mg/kg，速效 K 111.40 mg/kg，有效 P 127.71 mg/kg，有机质 31.33 g/kg，pH 6.25。2002 年 5 月 2 日定植扦插苗，株行距为（12～15）cm×20 cm，扣除道路、畦沟等面积种植密度约为 23 万株/hm^2，2003 年 5 月 28 日结束采收，全生育期 391 d。栽培品种为黄贵妃（黄底红边）。全生育期未施有机肥，化肥施用量折合纯 N 1075.35 kg/hm^2、P_2O_5 689.25 kg/hm^2、K_2O 1339.95 kg/hm^2。田间管理按照常规栽培技术要求进行。

分别于 2002 年 5 月 2 日（定植期）、6 月 12 日（摘心期）、8 月 18 日（抽枝期）、9 月 2 日（现蕾期）、9 月 14 日（商品花初采期）、11 月 14 日（第一花期结束）、2003 年 1 月 14 日（第二花期抽枝期）、4 月 10 日（第二花期现蕾期）、5 月 28 日（第二花期结束）选取有代表性、正常生长植株 20 株。自商品花初采期开始定株，即分 5 次采样，每次采样 4 株，两次整株采样之间分次采集每株上的商品花枝。商品花初采期前除摘心时采样分摘心部分和剩余植株部分制样外，其余几次采样为整株地上部混合样，商品花初采期起分花枝和废弃物制样，测定株高、花枝长、花苞直径、鲜干重、含水量、植株全氮磷钾含量（H_2SO_4-H_2O_2 消煮，凯氏定氮法测 N，钒钼黄比色法测 P，火焰光度计法测 K）（中国土壤学会农业化学专业委员会，1983），农户每次采花时统计花枝产量。

第二节 结果和分析

一、石竹干重增长累积特性

在本试验条件下,石竹采花期平均株高 64.2 cm,花枝长 58.4 cm,花苞直径 2.4 cm,单株产花 5 枝(两季),两个花期产量 115 万枝/hm²。石竹整株干重生长动态趋势大致为随生育进程而增加(图 6-1)。干重到定植后 343 d(第二花期现蕾期)达最大值 54.56 g/株,采花结束时由于叶片枯萎和脱落而有所下降。花枝干重随生育期推进而平缓增加,到采收结束时达最大值 27.14 g/株;废弃物(除花枝外的枝叶)干重增长规律与整株相似,第二花期抽枝前增长缓慢,抽枝后由于枝叶进入旺盛生长期,干重增长迅速,到第二花期现蕾期达最大值 34.63 g/株,采花结束后枝叶枯萎、脱落而干重下降。自商品花初采期起到第二花期抽枝期,花枝干重约占整株干重的 60%,自抽枝后由于枝叶旺盛生长,花枝干重占整株干重比例降至 37%(定植后 343 d),采花结束时由于花枝干重增加,而枝叶枯萎脱落,花枝和废弃物干重各占整株干重 50%。

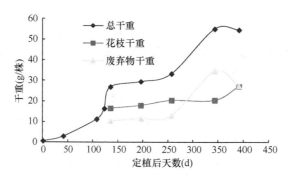

图 6-1 石竹干重增长动态

由表 6-1 可知,从摘心到商品花初采期和第二花期抽枝到现蕾期共 180 d 的生长期中整株干重累积量共 45.71 g,即在占全生育期 46%的时间里累积了总干重的 83.77%,此期正值营养生长和生殖生长并进时期,是石竹旺盛生长时期;而在长达 2 个月的采花期(共 61 d)仅累积了 2.58 g,占总干重的 4.72%;此外,定植到摘心和第一花期结束后越冬至第二花期抽枝共 102 d 的营养生长期内仅累积了总干重的 11.1%(6.06 g)。石竹从摘心后干重阶段累积速率迅速增加,抽枝到初采期为植株第一个干重积累速率高峰,平均日累积 612.25 mg/株;第二花期抽枝到现蕾期为第二个干重累积速率高峰,日累积量为 252.76 mg/株,两次高峰之间出现相对平缓的"平台区"(图 6-1)。自初采期起花枝干重累积量基本保持同一水平,第二花期现蕾后出现花枝生长旺盛时期，干重日累积量达 140.38 mg/株。废弃物干重在第二花期抽枝前变化不大，第二花期抽枝到现蕾期（因尚未形成商品花，整个植株都认为是废弃物）为枝叶旺盛生长期，日干重累积量为 252.42 mg/株，即为该时期整株的日累积量。

表 6-1 石竹各时期干重累积特性

生长期	定植后天数(d)	生长期天数(d)	阶段累积量（g/株）			阶段累积速率[mg/(株·d)]			整株阶段累积量占总重（%）
			整株	花枝	废弃物	整株	花枝	废弃物	
定植前	0		0.69						1.27
定植~摘心	1~41	41	2.25			54.80			4.12
摘心~抽枝	42~108	67	8.24			122.97			15.10
抽枝~现蕾	109~123	15	5.18			345.12			9.49
现蕾~商品花初采	124~135	12	10.55			879.37			19.34
商品花初采~第一花期结束	136~196	61	2.58	1.36	1.21	42.22	22.36	19.85	4.72
第一花期结束~第二花期抽枝	197~257	61	3.81	2.47	1.34	62.41	40.48	21.92	6.98
第二花期抽枝~现蕾	258~343	86	21.74	0.03	21.71	252.76	0.34	252.42	39.84
第二花期现蕾~结束	344~391	48	−0.47	6.74	−7.21	−9.81	140.38	−150.19	−0.86
总计		391	54.56	27.14	27.42				100

二、石竹养分吸收特性

由图 6-2 可知，石竹生长过程中对养分的吸收量与干重增长量的变化规律相似。整株的 N、P 吸收高峰均出现在第二花期结束采收时，K 的最大吸收量出现在第二花期现蕾期。研究表明：石竹整株一生中对 K 的吸收量最大，N 次之，P 最少，花枝和废弃物中各养分吸收量均为 K>N>P。

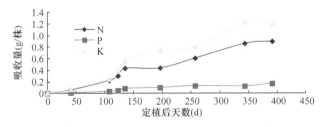

图 6-2 石竹养分吸收动态

采收结束时单株 N、P、K 吸收量分别为 0.90 g、0.17 g、1.21 g，N：P：K=1：0.19：1.34，与成海钟和蔡曾煜（2000）的结果 N 为 1.0~2.0 g/株、P_2O_5 为 0.5~1.0 g/株、K_2O 为 1.7~5.0 g/株基本一致。第一花期采花期间单株吸收的养分

量 55%~64%分配到花枝中，而到两个花期结束时花枝和废弃物养分吸收量各占单株一半。花枝产量在 115 万枝/hm² 水平下，每生产 1000 枝商品花枝植株需要吸收的养分量分别为 N 0.16 kg、P 0.03 kg、K 0.21 kg，每公顷植株地上部带走的养分量分别为 N 184.0 kg、P 34.5 kg、K 241.5 kg。

三、石竹不同时期养分吸收特性

由表 6-2 可知，植株 N、P、K 吸收规律在商品花初采期前极为相似，均为随生育期推进养分吸收量逐渐增加，其中摘心至商品花初采是养分吸收主要时期，该时期 N、P、K 吸收量约占总吸收量的 41.22%、42.21%、40.78%。植株摘心前养分吸收量很少，N、P、K 仅占总吸收量的 7.39%、7.65%、6.43%。

表 6-2 石竹不同时期养分吸收量及比例、速率

生长期	定植后天数（d）	阶段累积量（mg/株）			占总吸收量（%）			阶段吸收速率 [mg/（株·d）]			N：P：K
		N	P	K	N	P	K	N	P	K	
定植前	0	12.57	1.96	15.69	1.40	1.16	1.30				1：0.6：1.25
定植~摘心	1~41	52.05	10.97	62.00	5.79	6.49	5.13	1.27	0.27	1.51	1：0.21：1.19
摘心~抽枝	42~108	159.71	22.33	175.21	17.77	13.22	14.50	2.38	0.33	2.62	1：0.14：1.10
抽枝~现蕾	109~123	80.07	13.74	141.38	8.91	8.13	11.70	5.34	0.92	9.43	1：0.17：1.77
现蕾~商品花初采	124~135	130.65	35.24	176.10	14.54	20.86	14.58	10.89	2.94	14.67	1：0.27：1.35
商品花初采~第一花期结束	136~196	3.48	14.51	175.76	0.39	8.59	14.55	0.06	0.24	2.88	1：4.17：50.57
第一花期结束~第二花期抽枝	197~257	170.25	29.34	60.88	18.94	17.37	5.04	2.79	0.48	1.00	1：0.17：0.36
第二花期抽枝~现蕾	258~343	254.12	-3.91	424.92	28.28	-2.32	35.17	2.95	-0.05	4.94	1：-0.02：1.67
第二花期现蕾~结束	344~391	35.85	44.76	-23.78	3.99	26.49	-1.97	0.75	0.93	-0.50	1：1.25：-0.66
总计		898.74	168.95	1208.16	100	100	100				1：0.19：1.34

在 2 个月的采花期，N 累积量基本保持不变，阶段累积量仅占总吸收量的 0.39%，而此期间以累积 K 为主，占整株累积 K 总量的 14.55%；而在采花结束后的越冬、抽生新枝期间则反之，以累积 N 为主，占总累积 N 量的 18.94%，K 的累积甚微，仅占总累积 K 量的 5.04%。由此可知，在以营养生长为主的抽枝前后，植株以吸收 N 为主，采花期植株进入以生殖生长为主的花枝生长期，植株以累积 K 为主。第二花期抽枝至现蕾期，植株进入第二个吸肥主要时期，此期 N、K 累积量分别占总吸收量的 28.28%和 35.17%，该时期累积 P 量稍有降低，滞后一个生长期达到吸收高峰。

N、P、K各时期养分吸收速率随生育期不同而呈波浪状起伏。摘心后随生长发育吸收速率逐渐上升，其中现蕾至初采期是石竹一生养分吸收速率最高时期，N、P、K吸收速率分别达各自最大值10.89 mg/（株·d）、2.94 mg/（株·d）、14.67 mg/（株·d）。之后逐渐下降，第二花期抽枝至现蕾期为N、K第二个吸收速率高峰，P则相对滞后，即在第二花期现蕾至采收结束达第二个吸收速率高峰。各时期N、P、K吸收比例也反映了以上吸肥规律（表6-2）。

四、石竹不同时期养分含量

N、P、K在植株体内的养分含量均在摘心时（定植后41 d）达最大值，生长期结束时较起始时养分含量稍有降低，但差别不大（图6-3）。N、K含量在整个生长期表现出"高–低–高–低"变化规律，即定植后41 d（摘心时）达最高值，之后，N含量降低至第一花期结束时的最低值，进入以吸收N为主的老茬越冬和抽枝的营养生长期（定植后197~257 d），N呈现上升趋势，并达第二高值1.83%，随后再次降低；K含量在定植后41 d达最大值后逐渐降低至商品花初采时的最低值，进入以吸收K为主的生殖生长期（花枝采收期）后K逐渐上升，至采花结束时达第二高值2.54%后再次降低。P含量无明显变化规律。同一时期植株养分含量K>N>P，采花期间花枝中N的含量较废弃物高，P、K的含量则为废弃物较花枝高。

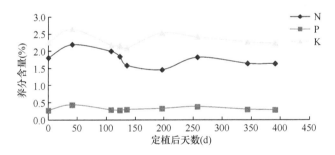

图6-3 石竹不同时期的养分含量

第三节 讨 论

1）石竹干重积累主要时期与养分吸收主要时期基本一致，都为摘心至商品花初采期和第二花期抽枝至现蕾期的营养生长与生殖生长并进时期，现蕾到商品花初采期是干重积累和养分吸收最快时期。

2）从试验中得到的石竹长达13个月包括两个花期的生育过程的不同时期干重增长变化规律，N、P、K吸收量和吸收比例、含量，1000枝商品花养分吸收量等参数，对于同类花卉生产中植株生长及营养诊断研究，确定 N、P、K 肥施用量、比例、时期具有重要实践和理论参考意义。

3）石竹生长期长，又分期分批多次采收切花，因而需要大量多次补充养分。追肥应以薄肥勤施为宜，抽枝期前后是施肥重要时期。

第四节 主要结论

对石竹生长动态及氮磷钾养分吸收规律的研究表明：石竹干重积累主要时期与养分吸收主要时期基本一致，都为摘心至商品花初采期和第二花期抽枝至现蕾期的营养生长与生殖生长并进时期，现蕾到商品花初采期是干重积累和养分吸收最快时期。石竹整株一生中各养分吸收量为 K>N>P。花枝产量在 115 万枝/hm^2 水平下，采收结束时单株 N、P、K 吸收量分别为 0.90 g、0.17 g、1.21 g，N∶P∶K=1∶0.19∶1.34，每生产 1000 枝商品花枝植株需要吸收的养分量分别为 N 0.16 kg、P 0.03 kg、K 0.21 kg，每公顷植株地上部带走的养分量分别为 N 184.0 kg、P 34.5 kg、K 241.5 kg。不同时期各养分吸收量及比例、含量不同。

第七章　其他花卉生长与养分吸收特性

第一节　花卉生长与养分吸收动态

本章对 8 种花卉生长与养分吸收特性进行了研究,分别是世界四大切花之一的玫瑰（月季）,一二年生草花勿忘我、满天星、鞭尾菊,多年生草花洋桔梗、情人草（海星）,球根切花香雪兰（小苍兰）以及百合,均为鲜切花类,分属 7 科 8 属,覆盖了当地 95%花卉种植面积上的花卉种类。

同时对当地 11 种珍稀花卉在商品花采收期进行了一次性取样调查研究,包括世界四大切花的唐菖蒲（剑兰）、菊花、一二年生草花紫罗兰、金鱼草、鸡冠花、千日红、银边翠、中国桔梗、六出花、蕾丝、多年生草花非洲菊（扶郎花）。

一、海星

分别于定植期、定植后 2 个月、抽花薹期（定植后 3 个月）、现蕾期选取 3～10 株整株制样,自初采期起定株 9 株,3 株 1 组,共 3 组,每 3 个月采一次整株,两次整株采样之间分次采集成熟商品花枝。海星养分吸收规律见图 7-1。

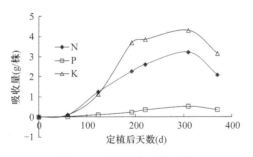

图 7-1　海星养分吸收动态

二、勿忘我

分别于定植后 1 个月、摘心期、现蕾期取样 3～5 株,整株混合制样,自初花期开始定株 15 株,每组 3 株,共 5 组,每 2 个月采一次整株,两次整株采样之间分次采集成熟商品花枝。勿忘我养分吸收规律见图 7-2。

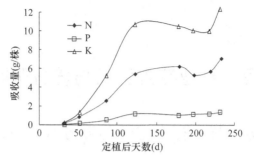

图 7-2 勿忘我养分吸收动态

三、满天星

分别于定植期、摘心期、定植后 2 个月取 5～40 株制样，修侧枝期分侧枝和剩余植株部分制样，现蕾期整株制样，自初采期起定株 12 株，共 4 组，每组 3 株，每隔 1 个月左右采整株一次，两次整株采样之间分次采集成熟商品花枝。满天星养分吸收规律见图 7-3。

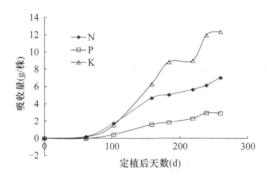

图 7-3 满天星养分吸收动态

四、玫瑰

分别于定植期、折枝期（定植后 4 个月）、初采期、初采期后每隔 2 个月采整株，各次整株采样之间分次收集侧芽、修剪下的枝、侧花蕾、商品花枝等。定株取样，共定株 15 株，每组 3 株，共 5 组。玫瑰养分吸收规律见图 7-4。

五、鞭尾菊

分别于定植期、抽花薹期和现蕾期各随机取 5 株整株地上部制样，从采花初期开始定株 3 株，分次采收成熟花枝，至采收末期取这 3 株地上部、分花枝和废弃物分别制样。鞭尾菊养分吸收规律见图 7-5。

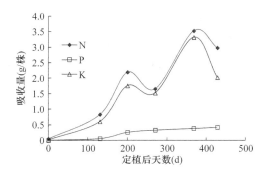

图 7-4 玫瑰养分吸收动态

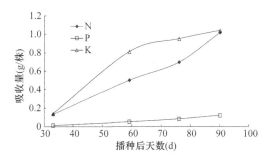

图 7-5 鞭尾菊养分吸收动态

六、香雪兰

自播种后 2 个月起，每隔 1 个月采样一次，每次选取 5～15 株地上部制样。香雪兰养分吸收规律见图 7-6。

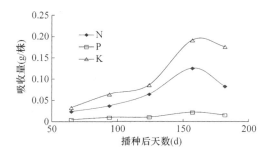

图 7-6 香雪兰养分吸收动态

七、洋桔梗

摘心期分摘心废弃物和剩余植株部分制样，现蕾期整株制样，摘心期和现蕾期各随机采样 10 株,从初采期开始定株 15 株,分别于初采期、第一花期结束、第二花期现蕾期、第二花期盛花期、第二花期结束各采其中 3 株地上部整株、分花枝和废弃物分别制样,两次整株采样直接分次采收成熟花枝。洋桔梗养分吸收规律见图 7-7。

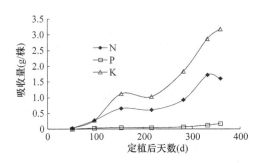

图 7-7　洋桔梗养分吸收动态

八、百合

分别于播种后 50 d、80 d、110 d、130 d 选取 3 株地上部制样,最后一次采样分地上部和地下部球茎制样。一代种百合养分吸收规律见图 7-8。

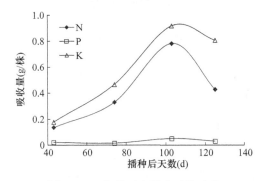

图 7-8　一代种百合养分吸收动态

第二节　花卉养分吸收参数

一、几种主要花卉养分吸收参数

除玫瑰为吸收氮量最高外,其余几种花卉均为吸收钾最多,即 K>N>P;在这几种花卉中相对 N 对 P 的吸收比例最大的为满天星,N∶P 为 1∶0.42,而对 K 的吸收比例最大的为洋桔梗,达到 N∶K=1∶1.98(表 7-1)。

表 7-1　几种主要花卉养分吸收参数

花卉	产量 [kg（枝）/hm²]	生产 1000 kg（枝）商品花养分吸收量（kg）			总养分吸收量（kg）	N∶P∶K
		N	P	K		
满天星	33 287.17	6.21	2.60	10.89	19.71	1∶0.42∶1.75
勿忘我	31 704.88	5.38	0.98	7.99	14.35	1∶0.18∶1.49
海星	46 850.18	5.46	1.05	7.55	14.07	1∶0.19∶1.38
百合	407 896	0.43	0.03	0.81	1.26	1∶0.07∶1.88
玫瑰	615 415	0.45	0.06	0.33	0.83	1∶0.13∶0.73
洋桔梗	975 000	0.20	0.02	0.40	0.62	1∶0.11∶1.98
鞭尾菊	534 117	0.28	0.03	0.29	0.61	1∶0.12∶1.02
香雪兰	1 290 000	0.18	0.03	0.21	0.41	1∶0.18∶1.17
石竹	536 448	0.15	0.03	0.21	0.39	1∶0.19∶1.34

二、珍稀花卉养分吸收参数

在所调查的 11 种珍稀花卉中（表 7-2），生产 1000 kg（枝）商品花总养分吸收量最高的是金鱼草，为 16.19 kg，最低的为中国桔梗，仅为 0.28 kg。从氮、磷、钾三元素吸收比例来看，吸氮量相对比例最高的是银边翠，N∶P∶K=1∶0.16∶0.76，对钾的相对吸收比例最高的为菊花，N∶P∶K=1∶0.23∶2.38。氮、磷的吸收比例较为一致，为 1∶（0.1～0.2）。

表 7-2　珍稀花卉养分吸收参数

花卉	N（%）	P（%）	K（%）	生产 1000 kg（枝）商品花养分吸收量（kg）			总养分吸收量（kg）	N∶P∶K
				N	P	K		
金鱼草	2.21	0.32	2.90	6.64	0.95	8.60	16.19	1∶0.14∶1.30
蕾丝	2.04	0.28	2.13	7.65	1.08	7.20	15.92	1∶0.14∶0.94
千日红	1.90	0.33	3.00	5.62	1.00	8.88	15.49	1∶0.18∶1.58
六出花	1.73	0.29	1.45	3.17	0.56	2.70	6.43	1∶0.18∶0.85
银边翠	1.99	0.34	1.62	0.64	0.11	0.48	1.23	1∶0.16∶0.76
鸡冠花	3.34	0.55	5.43	0.36	0.06	0.58	1.00	1∶0.16∶1.62
菊花	0.97	0.22	2.32	0.24	0.05	0.57	0.86	1∶0.23∶2.38
剑兰	1.63	0.21	2.54	0.32	0.04	0.49	0.85	1∶0.13∶1.56
紫罗兰	3.43	0.37	3.80	0.37	0.04	0.41	0.82	1∶0.11∶1.09
非洲菊	2.32	0.19	1.99	0.40	0.03	0.30	0.74	1∶0.08∶0.80
中国桔梗	1.97	0.34	1.92	0.13	0.02	0.13	0.28	1∶0.17∶0.97

第八章 主要蔬菜、花卉作物营养生理特性

无论何种推荐施肥方法均需要以作物营养生理特性与需肥规律为基础。国内对大田作物如小麦、玉米、棉花等的营养生理特性研究得十分详尽，但对蔬菜作物特别是近年来引进的特菜作物如西芹、生菜、荷兰芹（番芫荽）研究较少，花卉作物甚至基本处于空白状态。虽然国外存在相关方面的零散研究，但由于土壤、气候、栽培措施等条件存在较大差异，因此仅具有一定的参考意义。通过两年来的田间肥效试验和定点跟踪试验，我们基本摸清了示范区生菜、西芹、尖椒等21种蔬菜作物以及石竹、玫瑰等9种花卉作物的营养生理特性、全生育期养分吸收动态特征曲线和施肥参数，为建立精准化平衡施肥技术体系提供了依据。

第一节 养分需求参数

试验结果表明，氮、磷化肥用量越少，每生产1000 kg 蔬菜所需养分越少，施肥的经济效益越高，环境风险越低。以生菜为例，在氮磷化肥用量为农户对照49%的情况下，每生产1000 kg 净菜仅需氮1.24 kg 和磷0.46 kg，分别比农户对照少0.35 kg 和0.05 kg（表8-1）。

表8-1 生菜养分吸收及需肥特性

处理	毛菜产量 (kg/亩)	收获后植株养分含量（%, DW）			每生产1000 kg 净菜所需养分总量（kg）		
		N	P_2O_5	K_2O	N	P_2O_5	K_2O
CK	4737	2.87	0.93	6.82	1.59	0.51	3.78
87%CK	5770	2.94	0.98	6.70	1.54	0.51	3.55
58%CK	6066	3.22	1.13	7.81	1.56	0.54	3.82
49%CK	6141	2.88	1.07	7.20	1.24	0.46	3.17
38%CK	5257	3.03	1.00	6.89	1.14	0.38	2.63

西芹肥料田间试验也得到了类似结果（表8-2）。与农户对照相比，氮磷化肥用量降低66%（处理34% CK），每生产1000 kg 净菜仅需吸收氮素1.12 kg，比农户对照少0.28 kg。

三种主要蔬菜中，每生产1000 kg 尖椒净菜所需的氮、磷养分量远高于生菜和西芹（表8-3）。其中，需 N 2.71～3.09 kg、P_2O_5 0.89～1.01 kg、K_2O 3.72～4.49 kg。两种叶菜类蔬菜，每生产1000 kg 生菜净菜的需氮量略高于西芹，磷、钾吸收量两者基本相近。

表 8-2　西芹养分吸收及需肥特性

处理	毛菜产量 (kg/亩)	收获后植株养分含量（%, DW）			每生产 1000 kg 净菜所需养分总量（kg）		
		N	P_2O_5	K_2O	N	P_2O_5	K_2O
CK	12 100	3.12	1.09	8.16	1.40	0.49	3.66
62%CK	12 131	2.87	1.34	9.63	1.14	0.53	3.80
34%CK	11 890	2.87	1.29	8.17	1.12	0.50	3.17
27%CK	11 485	2.91	1.29	8.27	1.17	0.52	3.37
12%CK	10 964	2.99	1.51	8.11	1.08	0.55	2.92

表 8-3　尖椒养分吸收及需肥特性

处理	果实产量 (kg/亩)	果实吸肥量（kg/亩）			废弃物吸肥量（kg/亩）			每生产 1000 kg 净菜所需养分总量（kg）		
		N	P_2O_5	K_2O	N	P_2O_5	K_2O	N	P_2O_5	K_2O
CK	1770	3.43	1.28	4.90	1.78	0.31	1.68	2.95	0.90	3.72
68%CK	2779	5.92	2.19	8.76	2.67	0.46	3.71	3.09	0.95	4.49
45%CK	2908	6.06	2.38	8.37	2.77	0.56	4.25	3.04	1.01	4.34
38%CK	2628	5.17	1.97	7.38	1.96	0.37	2.51	2.71	0.89	3.77
31%CK	3344	6.72	2.56	9.62	2.28	0.45	3.66	2.69	0.90	3.97

其余各种蔬菜作物中（图 8-1），青花菜养分吸收量最高，每生产 1000 kg 青花菜净菜所需的氮、磷养分量远高于其他各种蔬菜，N 为 17.4 kg、P_2O_5 4.3 kg、K_2O 10.0 kg；比较而言，生菜、西芹等叶菜类养分吸收量较低。

本项研究结果还表明，示范区同种蔬菜作物养分吸收量与文献资料相比有较大区别。以花椰菜为例，文献资料中每生产 1000 kg 花椰菜氮、磷养分吸收量分别为 10.87 kg 和 2.09 kg，比本项研究结果高出 68%和 22%；而钾吸收量为 4.91 kg，比本项研究结果低 36%。这也进一步证实，不同地区的作物营养需求规律与施肥参数有较大差异，必须采用当地试验数据才能获得较为准确的推荐施肥方案。

总的来看，花菜类蔬菜的营养需求参数最高，其次为茄果类和根菜类蔬菜，叶菜类蔬菜除番芫荽、紫甘蓝和甘蓝相对较高外，西芹、生菜、莴笋等的营养需求参数较低（图 8-1）。

除青花菜和甘蓝两种蔬菜钾需求量低于氮以外，其余各种蔬菜作物对钾的需求量均较高，一般相当于氮的 1.1～3 倍。相比之下，蔬菜作物对磷养分的需求量最低，一般仅相当于氮的 20%～50%（图 8-1）。

依据商品花的销售方式，示范区花卉作物可分为两类，一类按花枝数量销售，如石竹、玫瑰、洋桔梗等，另一类按花枝重量来销售，如勿忘我、满天星、海星等。

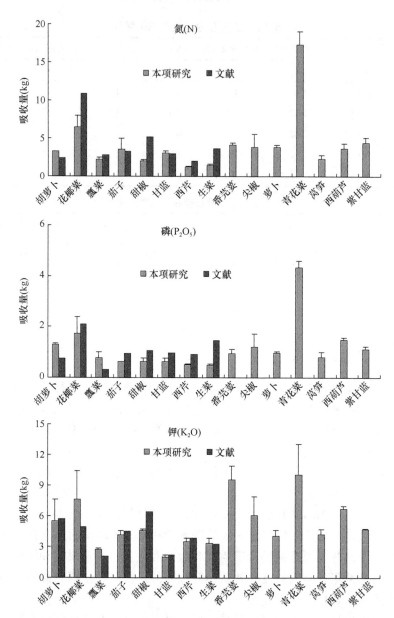

图 8-1 不同蔬菜作物施肥参数比较（每生产 1000 kg 蔬菜所需吸收的养分量）

按花枝重量销售的几种花卉作物中，满天星养分需求量较高，勿忘我较低。但不论哪种花卉，养分需求量均远高于蔬菜作物。从氮、磷、钾吸收量来看，磷养分吸收量最少，除满天星对磷的吸收量达到氮的 80% 以外，其余几种花卉 P 养分需求量仅相当于氮的 30%~50%（以 P_2O_5 表示）；钾吸收量最高，除六出花和蕾丝两种花卉以外，其余花卉钾需求量相当于氮的 1.5~1.8 倍（图 8-2 和图 8-3）。

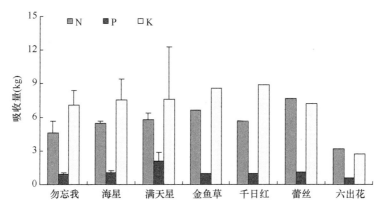

图 8-2　每生产 1000 kg 商品花所需吸收的养分数量

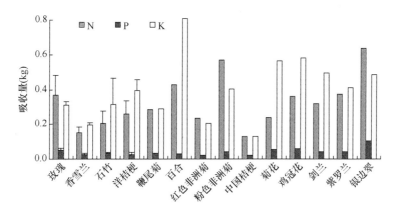

图 8-3　每生产 1000 kg（枝）商品花所需吸收的养分数量

按花枝数量销售的 4 种主要花卉作物中，玫瑰对氮、磷的绝对需求量最大，其对氮、磷的吸收量相当于石竹的 1.8 倍和 1.5 倍、香雪兰的 2.4 倍和 1.9 倍；洋桔梗对钾的绝对需求量最多，相当于玫瑰的 1.27 倍、香雪兰的 1.97 倍、石竹的 1.25 倍。

第二节　养分吸收动态曲线

掌握作物养分吸收曲线一方面可了解全生育期的作物养分吸收变化规律，为确定施肥总量提供参考，另一方面可为确定全生育期肥料分配比例提供科学依据，因此作物养分吸收动态曲线对于指导施肥具有重要意义。

蔬菜作物生育期较短，苗期时间相对较长，但苗期所吸收养分量占全生育期的比例很小。以西芹为例，定植后 30 d 内，西芹处于缓苗阶段，干物质累积量增长极为缓慢，养分吸收量仅占全生育期总吸收量的 2%～5%，而定植后 60～100 d 是西芹养分吸收高峰期，此期时间虽然仅占全生育期的 1/3，但养分吸收量可占到全生育期养分总吸收量的 60%～70%。这表明，西芹全生育期的肥料方案应以中后期施肥为主。考虑到土壤养分的有效性，建议西芹全生育期氮肥分配方案为底施 10%～15%，追施 85%～90%；磷肥底施 40%～50%，追施 50%～60%；钾肥底施 20%～30%，追施 70%～80%。

花卉作物生育期较长，一般都在 1 年以上。不同花卉作物的不同养分吸收曲线差异较大，这也意味着肥料分配方案存在较大区别。

施肥对作物养分吸收规律有一定影响。以花卉石竹为例（图 8-4），总体来看，施肥量越高，某一生育阶段作物养分吸收量也越高，但不同施肥处理的变异幅度较小，养分累积趋势基本相同。这也证实，作物对养分的吸收具有一定规律，这对于指导施肥具有重要意义。

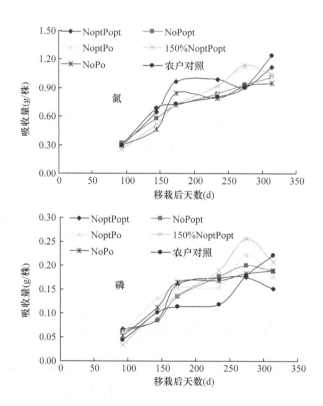

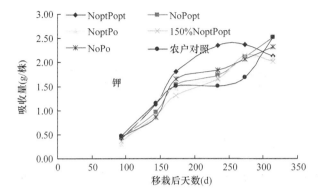

图 8-4　不同氮磷化肥用量下石竹全生育期养分吸收特征

NoptPopt. 氮磷肥施用量皆为优化施肥量；NoPopt. 磷肥优化施肥不施氮肥；NoptPo. 氮肥优化施肥不施磷肥；150%NoptPopt：氮磷肥施用量为优化施肥量的150%；NoPo. 不施氮磷肥；农户对照. 农户习惯施肥量

第九章 主要结论与展望

第一节 讨　　论

不同蔬菜种类生长旺盛时期和养分吸收高峰期不尽相同，但通常都为产品器官形成和膨大时期，该时期养分吸收量和吸收速率的显著提高可为产品器官生长发育及经济产量形成提供充足的能量与结构物质，该期通常为营养最大效率期，是施肥关键时期。

两种根菜类蔬菜心里美萝卜和胡萝卜在生长动态与养分吸收特性方面既存在共性，也存在差异。共性主要表现在：两者在生长前期植株以枝叶增重为主，中后期以肉质根增重为主。生长前期植株吸收的养分主要分配在枝叶，促进前期叶片的形成，功能叶片多，叶面积大，功能期长，有利于光合作用而合成更多产物以及碳水化合物于中后期向地下部根转移、积累和肉质根膨大。收获时干物质主要积累在根部，植株吸收的各种养分也主要储存在肉质根中。干物质积累和养分吸收最多与最快时期都是肉质根膨大期，此期地上部和地下部进入旺盛生长期，是营养最大效率期。不同之处主要在于：心里美萝卜整株吸收氮最多，钾其次，磷最少，其中叶和根养分吸收量大小顺序不同，叶中N>K>P，根中K>N>P；胡萝卜吸收钾最多，氮次之，磷最少，整株、叶和根养分吸收量都为K>N>P。由以上研究结果可知，为了获得膨大的根系，首先要使地上部茂盛生长，才能促进地下部的发育；但如果地上部过于繁茂，又会降低根系膨大的速率，因此，掌握氮肥用量和增施钾肥是关键。在根系膨大时期，根中积累的钾比氮丰富，有利于肉质根的膨大。可见，增施钾肥是不可忽视的增产措施。

白菜类蔬菜具有较大的叶面积，蒸腾量较大，但根系较浅，因此要求较高的土壤含水量和肥沃的土壤。这类蔬菜主要靠增加叶片数量和叶面积来提高产量，因此，供应充足的氮素尤为重要。对于结球白菜，结球期间供应充足氮素是丰产的关键。大白菜结球期的一个月是植株旺盛生长时期，该期积累了87%的干物质，吸收了80%~87%的养分，同时是干物质积累和养分吸收最快的时期，这就为产品器官生长发育和经济产量形成提供了充足的能量与结构物质。此时应及时施肥，以保障叶球形成对养分的需求。大白菜K的吸收量最大，这对于促进光合产物向产品器官运输、提高经济产量具有积极作用。

甘蓝类蔬菜中养分吸收量以青花菜最多，甘蓝最低，除紫甘蓝氮、钾吸收比例约为1:1外,其余作物吸收氮量明显高于钾,且氮、钾需要量远大于磷。因此,保证生长期内氮、磷、钾的协调供应是甘蓝类蔬菜高产、优质的关键。花椰菜和青花菜是废弃物量较大的蔬菜,废弃物干、鲜重和养分吸收量都较净菜高,养分含量也较一般绿肥作物高,因此可开展废弃物农用资源化研究。

几种绿叶叶类蔬菜中除豌豆尖以吸收氮量最多外,其余几种蔬菜均为K>N>P。各种绿叶叶类蔬菜各时期养分吸收量及吸收总量相差较大,豌豆尖最高,生菜最低。

瓜类蔬菜、茄果类蔬菜和豆类蔬菜属于无限生长类型,即边现蕾、边开花、边结果,因此,在生产上要注意调节其营养生长与生殖生长的矛盾,这样才能获得较好的收成。

茄果类蔬菜中辣椒类蔬菜养分吸收量较茄类大,但两者养分吸收量均为K>N>P。茄果类蔬菜在生长过程中需要供应充足的氮、磷养分。氮、磷不足,不仅会导致花芽分化推迟,而且会影响花的发育。氮素供应充足才能保证正常的光合作用,保持干物质持续增长。生育前期缺氮,下部叶片易老化脱落;而生育后期缺氮,则开花数减少,座果率降低;但氮素过多易造成营养体生长过旺,因此,开花晚,易脱落,果实膨大受到限制。进入生殖生长期后对磷的需要量剧增,因此应注意适当增施磷肥,控制氮肥用量。充足的钾可使蔬菜光合作用旺盛,促进果实膨大。

豆类蔬菜以吸收氮最多,各养分吸收量为N>K>P,不同豆类蔬菜养分吸收量不同,但吸收比例基本相同:N、P、K为1:(0.10~0.14):(0.60~0.70)。这类蔬菜的共同特点是根系上都长有根瘤,共生的根瘤菌具有从空气中固定氮素的能力,可以为豆类蔬菜提供部分的氮素。因此,栽培这类蔬菜可少施氮肥,但必须明确豆类蔬菜不是不需要施用氮肥,尤其是幼苗期,适量的氮素营养是必要的,对于食用嫩荚和嫩豆粒的品种来说,氮素供应不可缺少,否则会降低产量和品质。豆类蔬菜对磷、钾肥的需要量相对要多一些。豆类蔬菜采收结束时整株吸收的K主要分配到枝叶。

蔬菜除留种者外,均在种子发育未完成时即行收获,以其鲜嫩的营养器官或生殖器官作为商品供人们食用。因此,蔬菜收获时植株中所含的氮磷钾均显著高于大田作物(陈伦寿和陆景陵,2002)。蔬菜属收获期养分非转移型作物,所以茎叶和可食器官之间养分含量较大田作物差异小,尤其是磷,几近相同。

各种蔬菜在环境条件和施肥水平能够满足植株正常生长的情况下,其养分吸收特性主要由基因型决定。同类作物由于植物学分类亲缘关系较接近,养分吸收特性、需肥规律相似,1000 kg商品菜养分吸收量等一些重要施肥参数相近。

植株整株与不同部位养分含量大小顺序和养分吸收量大小顺序相一致。除豆类蔬菜(包括豌豆尖)以吸收氮最多外,大多数蔬菜吸收钾最多,其次为氮,磷最少；钾对蔬菜后期生长很重要，对于养分运输、养分向产品器官转移、器官膨大充实、品质改善有重要作用。

大部分蔬菜的生长动态和养分吸收动态曲线都为随生育期推进而逐渐增加，并符合"S"形曲线增长模式；蔬菜鲜、干重累积主要时期和养分吸收主要时期一致，即植株养分吸收最多、最快时期和鲜、干重增长最多、最快时期吻合。

调查结果表明，施肥水平对生产 1000 kg 商品菜植株养分吸收量、吸收比例等基本参数影响不大；但对同种作物而言，施肥量大小影响产量水平，进而影响单位面积带走的养分量。

本研究获得的七大类 21 种蔬菜全生育期生长动态和 N、P、K 养分吸收动态变化规律，不同时期植株鲜、干重增长动态及养分含量、吸收量、吸收比例，1000 kg 净菜养分吸收量等参数，可作为同类蔬菜生产中植株生长及营养诊断研究，确定 N、P、K 肥施用量、比例、时期的理论参考依据。

第二节 主要结论

本研究通过田间实地动态监测，对滇池流域集约化生产条件下（设施或露地栽培）七大类蔬菜：根菜类（胡萝卜、心里美萝卜）、白菜类（白菜、瓢菜）、甘蓝类（甘蓝、紫甘蓝、花椰菜、青花菜）、绿叶类（西芹、生菜、莴笋、荷兰芹、菠菜、豌豆尖）、茄果类（茄子、甜椒、尖椒）、瓜类（西葫芦）、豆类（荷兰豆、甜豌豆、菜豆）共 21 种，进行了全生育期生长动态和氮磷钾营养吸收特性系统研究。结果如下。

1）根菜类蔬菜心里美萝卜和胡萝卜均以肉质根膨大期为矿质养分吸收和生物量积累主要时期。心里美萝卜以吸收 N 最多、其次为 K、最少是 P，而胡萝卜为 K>N>P。心里美萝卜和胡萝卜肉质根产量分别在 75 812.0 kg/hm^2 和 39 363.2 kg/hm^2 水平时，每生产 1000 kg 肉质根植株需吸收 N、P、K 分别为 3.49 kg、0.39 kg、3.46 kg 和 3.26 kg、0.54 kg、5.83 kg，比例分别为 1∶0.11∶0.99 和 1∶0.17∶1.79。两种根菜收获时植株吸收的各种养分主要贮存在肉质根中。

2）结球类蔬菜（白菜、甘蓝、紫甘蓝、生菜、花椰菜、青花菜）均以结球期为鲜、干重积累主要时期和营养元素吸收高峰期。白菜和生菜对各营养元素的吸收量顺序均为 K>N>P，在经济产量为 180 000 kg/hm^2 和 82 841.40 kg/hm^2 水平下，每生产 1000 kg 商品净菜需吸收 N、P、K 分别为 1.99 kg、0.42 kg、3.55 kg 和 1.77 kg、0.29 kg、2.55 kg，比例分别为 1∶0.21∶1.78 和 1∶0.16∶1.44。甘蓝、青花菜和花椰菜养分吸收量顺序均为 N>K>P，在经济产量为 114 240 kg/hm^2、22 281 kg/hm^2 和 71 813.0 kg/hm^2 水平下，1000 kg 商品净菜需吸收 N、P、K 分别为 2.39 kg、0.16 kg、1.69 kg、18.28 kg、1.78 kg、10.09 kg 和 5.42 kg、0.53 kg、

4.77 kg，比例分别为 1∶0.07∶0.71，1∶0.10∶0.55 和 1∶0.10∶0.88。紫甘蓝养分吸收量顺序为 N≈K>P，在净菜产量为 99 000 kg/hm² 时，1000 kg 商品净菜的养分吸收量为 N 3.92 kg、P 0.44 kg、K 3.90 kg，比例为 1∶0.11∶1.00。叶球类蔬菜（白菜、甘蓝、紫甘蓝、生菜）收获时植株吸收的各种养分主要贮存在经济产量部分，而花球类蔬菜（花椰菜、青花菜）收获时植株养分吸收量的 60%～80% 贮存在废弃物中。

3）非结球叶菜类蔬菜（西芹、莴笋、荷兰芹、瓢菜、菠菜和豌豆尖）除豌豆尖养分吸收量顺序为 N>K>P 外，其余均为 K>N>P。西芹、莴笋和荷兰芹物质积累和养分吸收主要时期分别是心叶充实期、肉质茎膨大初期和采收中后期，在经济产量分别为 127 890 kg/hm²、65 289.0 kg/hm² 和 165 972.5 kg/hm² 水平时，每生产 1000 kg 商品净菜 N、P、K 吸收量分别为 2.79 kg、0.30 kg、4.74 kg，2.70 kg、0.42 kg、3.30 kg 和 4.36 kg、0.46 kg、7.22 kg，比例分别为 1∶0.11∶1.70，1∶0.15∶1.22 和 1∶0.11∶1.66。瓢菜、菠菜、豌豆尖经济产量分别在 57 657.6 kg/hm²、23 017.82 kg/hm² 和 13 892.91 kg/hm² 水平下，1000 kg 商品净菜的 N、P、K 养分吸收量分别为 2.00 kg、0.27 kg、2.19 kg，2.95 kg、0.40 kg、5.30 kg 和 12.62 kg、0.99 kg、10.90 kg，吸收比例为 1∶0.13∶1.09，1∶0.14∶1.80 和 1∶0.08∶0.86。除豌豆尖净菜养分吸收量低于废弃物外，其余蔬菜均为净菜高于废弃物。

4）茄果类蔬菜茄子、甜椒、尖椒和瓜类蔬菜西葫芦的收获期是其旺盛生长时期和养分吸收高峰期，养分吸收量顺序均为 K>N>P，在经济产量分别为 87 434 kg/hm²、85 719 kg/hm²、74 162 kg/hm² 和 63 056 kg/hm² 水平时，1000 kg 商品净菜 N、P、K 吸收量分别为 2.47 kg、0.28 kg、3.22 kg，2.16 kg、0.24 kg、3.89 kg，2.50 kg、0.40 kg、4.88 kg 和 3.16 kg、0.68 kg、5.75 kg，比例为 1∶0.11∶1.31，1∶0.11∶1.80，1∶0.16∶1.95 和 1∶0.22∶1.82。采收结束时除西葫芦整株吸收的 K 主要分配到枝叶外，其余蔬菜 N、P、K 均主要分配到果实中。

5）豆类蔬菜荷兰豆、甜豌豆、菜豆均在盛收期达物质积累和养分吸收高峰期，养分吸收量顺序均为 N>K>P，在经济产量分别为 7217.7 kg/hm²、33 351 kg/hm² 和 24 794.6 kg/hm² 水平时，1000 kg 商品净菜 N、P、K 吸收量分别为 8.56 kg、1.23 kg、5.95 kg，6.93 kg、0.67 kg、4.13 kg 和 20.48 kg、2.65 kg、12.27 kg，三种豆类蔬菜 N、P、K 吸收比例相近，为 1∶（0.10～0.14）∶（0.60～0.70）。采收结束时，荷兰豆枝叶 N、P 吸收量大于果实吸收量，而甜豌豆和菜豆反之。三种豆菜整株吸收的 K 均主要分配到枝叶中。

第三节　展　　望

近十几年来，云南省蔬菜生产发展迅速，蔬菜种植成为农民增收的重要途径。

随着中国加入世界贸易组织，蔬菜营养吸收特性研究作为蔬菜生产的有力技术支撑，必将得到进一步发展。通过以上研究笔者认为，在蔬菜营养生理方面应进一步加强以下问题的研究。

1）因时间关系，本书未进行不同施肥条件下养分吸收特性差异研究，以及不同品种养分吸收特性差异研究。

2）还需对本研究结论做进一步大田试验验证，校正、完善施肥参数，提高参数的准确性和精确性，使之更好地服务于蔬菜的推荐施肥方案。

3）应加强蔬菜作物养分在不同器官中随时间的变化和随作物生长的变化研究；养分在植株体内迁移、转化和分配，养分的再循环、再利用研究；养分的经济有效利用研究；蔬菜作物土壤中养分元素有效性及其有效性条件的研究等。

4）在本研究得到的不同蔬菜养分需求规律、氮磷钾吸收比例等基础上，可进一步研究最佳施肥量，包括最高产量施肥量、最优品质环境友好施肥量等。

5）蔬菜对 Ca、Mg 等中量元素需求量也较大，对硼和钼等微量元素比较敏感，因此，除 N、P、K 养分吸收特性外，开展蔬菜中微量养分营养特点的研究对于指导蔬菜合理施肥具有重要意义。

参 考 文 献

蔡绍珍, 陈建美, 朱培生, 等. 1992. 地膜覆盖栽培大白菜吸肥特性研究[J]. 土壤通报, 23(6): 254-256.

蔡绍珍, 陈振德. 1997. 蔬菜的营养与施肥技术[M]. 青岛: 青岛出版社: 1-4.

陈伦寿, 陆景陵. 2002. 蔬菜营养与施肥技术[M]. 北京: 中国农业出版社.

陈清, 张晓晟, 张宏彦, 等. 2003. 氮素供应对露地胡萝卜生长及其氮素利用的影响[J]. 中国蔬菜, (1): 4-6.

成海钟, 蔡曾煜. 2000. 切花栽培手册[M]. 北京: 中国农业出版社: 126-151.

程季珍, 刘兆林, 杨凌云, 等. 1995. 白菜、甘蓝养分平衡施肥技术研究[J]. 华北农学报, 10(2): 111-115.

程绍义, 袁文仲, 隋方功, 等. 1994. 春罗 1 号氮素吸收规律的研究[J]. 莱阳农学院学报, 11(4): 265-268.

戴春玲, 蒋有良. 2001. 大白菜营养诊断与科学施肥技术[J]. 现代农村科技, (8): 13.

戴建军, 刘宏宇. 2001. 生物磷肥对生菜、小白菜生长及 N, P, K 养分积累的影响[J]. 东北农业大学学报, 23(3): 238-251.

邓晴. 1998. 滇池流域生态环境现状及保护措施[J]. 云南环境科学, 17(3): 32-34.

丁桂云. 1989. 施氮量对青花菜(B. o. var. italica Planch)产量及主要营养元素含量影响的研究[J]. 吉林农业科学, (1): 65-69.

段玉, 王勇. 1996. 胡萝卜吸肥特点及配套栽培技术[J]. 内蒙古农业科技, 3: 16-19.

范兴安. 1998. 芝麻不同生育时期植株营养吸收与土壤养分的动态变化[J]. 河南农业科学, 12: 11-12.

高建芹, 浦惠明, 袁灿生. 2002. 杂交油菜宁杂 1 号氮磷钾吸收与累积规律初探[J]. 广西农业科学, 3: 130-131.

高柳青, 晏维金. 2002. 富营养化对三湖水环境影响及防治探讨[J]. 资源科学, 24(3): 19-25.

关佩聪, 李智军, 胡肖珍. 1991a. 芥兰营养生理的研究I. 养分吸收特性[J]. 华南农业大学学报, 12(4): 62-68.

关佩聪, 刘厚诚, 陈玉娣. 2000. 蔓生和矮生长豇豆氮磷钾吸收特性[J]. 中国蔬菜, (5): 12-15.

关佩聪, 杨暹, 胡肖珍. 1996. 青花菜主要矿质营养特性的研究[J]. 华南农业大学学报, 17(1): 72-77.

关佩聪, 杨暹, 梁承愈. 1991b. 青花菜的生长动态与花球产量形成[J]. 中国蔬菜, 3: 1-3.

郭慧光, 闫自中. 2000. 改变用肥战略, 控制面源污染[J]. 云南环境科学, 19(2): 1, 15.

国际肥料工业协会. 1999. 世界肥料使用手册[M]. 唐朝友, 谢建昌译. 北京: 中国农业出版社: 223-266.

何天秀, 王正银, 何成辉. 1999. 钾、氮营养平衡与花菜高产优质高效的关系[J]. 土壤通报, 30(5): 227-229.

胡霭堂. 1995. 植物营养学(下)[M]. 北京: 北京农业大学出版社.

胡嗣渊, 赵先军. 2002. 施肥对菜用春大豆养分吸收及产量的影响[J]. 浙江农业科学, 2: 64-66.
蒋名川. 1981. 大白菜栽培[M]. 北京: 农业出版社.
劳秀荣. 2000. 花卉施肥手册[M]. 北京: 中国农业出版社: 195-196.
李家康, 陈培森, 沈桂琴, 等. 1997. 几种蔬菜的养分需求与钾素增产效果[J]. 土壤肥料, (3): 3-6.
李俊良, 崔德杰, 孟祥霞, 等. 2002. 山东寿光蔬菜保护地蔬菜施肥现状及问题的研究[J]. 土壤通报, 33(2): 126-128.
李树和, 刘运霞, 廖靖, 等. 2001. 不同氮磷钾配比对砂培生菜长势影响[J]. 北方园艺, 3: 15-16.
李文生. 2002. 花椰菜的施肥技术[J]. 农村经济与科技, 13: 37.
李酉开. 1983. 土壤农业化学常规分析方法[M]. 北京: 科学出版社.
刘才宇, 桂严, 叶瑞芬, 等. 2001. 秋莴笋生长动态及其生育规律的研究[J]. 安徽农学通报, 7(2): 54-55.
刘芷, 陈丽媛. 1988. 大白菜测定氮磷钾全量取样部位初探[J]. 中国蔬菜, 3: 18-19.
鲁如坤. 1998. 土壤-植物营养学原理和施肥[M]. 北京: 化学工业出版社.
陆宏, 许映君, 张建人, 等. 1997. 青花菜干物质积累及养分吸收特性的探讨[J]. 上海农业学报, 13(4): 47-50.
陆宏, 张建人. 1993. 茄子养分吸收与干物质积累特性的探讨[J]. 浙江农业科学, 1: 23-25.
陆景陵. 2003. 植物营养学[M]. 2版. 北京: 中国农业大学出版社: 41-43.
马运涛, 陈佚琦, 钱德山. 2000. 莴笋生长特性的初步研究[J]. 江苏农业科学, 5: 53-55.
孟祥栋, 蒋先明. 1993. 西芹菜营养元素吸收规律的研究[J]. 山东农业大学学报, 24(4): 473-478.
孟裕芳. 1999. 滇池外海氮、磷含量的发展趋势分析[J]. 云南环境科学, 18(4): 32-33.
孟兆芳. 1999. 高产优质蔬菜的营养与施肥[J]. 天津农业科学, 5(2): 33-36.
苗艳芳, 王春平, 王澄澈, 等. 2000. 保护地番茄和黄瓜的营养特性及平衡施肥[J]. 洛阳农业高等专科学校学报, 20(3): 27-29.
彭少兵, 黄见良, 钟旭华, 等. 2002. 提高中国稻田氮肥利用率的研究策略[J]. 中国农业科学, 35(9): 1095-1103.
全国土壤肥料总站肥料处. 1990. 蔬菜配方施肥[M]. 北京: 农业出版社: 75.
单福成, 王如英, 赵胜勇. 1993. 花椰菜生长发育及 N, P, K 吸收特性的研究[J]. 河北农业大学学报, 16(1): 36-40.
宋国菌, 杨力, 刘光栋, 等. 1998. 钙对结球甘蓝钙镁硫吸收分配影响的研究[J]. 山东农业大学学报, 29(4): 495-502.
宋海星, 李生秀. 2003. 玉米生长量、养分吸收量及氮肥利用率的动态变化[J]. 中国农业科学, 36(1): 71-76.
田霄鸿, 王朝辉, 李生秀. 1999. 氮钾锰硼的供应水平对莴笋植株累积矿质元素的影响[J]. 干旱地区农业研究, 17(2): 53-58.
汪建飞, 邢素芝, 吴娟娟. 2002. 施用氮肥对生菜氮磷钾营养代谢的影响[J]. 安徽技术师范学院学报, 16(3): 1-5.
汪李平, 李式军. 1995. 不同氮素形态及配比对生菜铁营养的影响[J]. 安徽农业大学学报, 22(3): 266-271.
王敬国. 1995. 植物营养的土壤化学[M]. 北京: 北京农业大学出版社.
王统正. 1990. 蔬菜施肥技术[M]. 北京: 农业出版社.

王艳, 王景华, 许福明. 2001. 锌肥对日光温室西芹硝酸盐及营养品质研究[J]. 生态学报, 21(4): 681-683.
王月琴, 刘文锋, 廖臻瑞. 1999. 不同温区水稻养分吸收量及化肥利用率研究[J]. 耕作与栽培, 4: 51-52.
吴建繁, 王运华, 贺建德, 等. 2000. 京郊保护地番茄氮磷钾肥料效应及其吸收分配规律研究[J]. 植物营养与肥料学报, 6(4): 409-416.
肖斯铨, 林处发, 张安华. 1993. 花菜基质栽培不同营养液配方研究[J]. 北方园艺, 6: 14-16.
肖晓玲. 1999. 生菜对无机养分吸收特性的研究[J]. 湖南农业大学学报, 25(2): 103-107.
谢建昌, 陈际型. 1997. 菜园土壤肥力与蔬菜合理施肥论文集[M]. 南京: 河海大学出版社: 110.
徐菁. 1990. 大白菜高产的养分吸收与需肥的平衡估算[J]. 中国土壤与肥料, (2): 14-17.
徐小华, 吾建祥. 2002. 水稻不同施肥方式对养分吸收和肥料利用率的影响[J]. 安徽农业科学, 30(2): 264-265.
杨进, 章祖涵, 李玉真, 等. 1964. 大白菜不同时期生长动态及三要素吸收关系的研究[J]. 中国农业科学, 6: 51-53.
杨天蒙. 2002. 滇池富营养化现状、趋势及其综合防治对策[J]. 云南环境科学, 12(1): 35-38.
杨文龙, 杨树华. 1998. 滇池流域非点源污染控制区划研究[J]. 湖泊科学, 10(3): 55-60.
屿田永生. 1982. 蔬菜营养生理与土壤[M]. 杨振华译. 福州: 福建科学技术出版社: 173-178.
张德威. 1993. 一优二高蔬菜栽培[M]. 上海: 上海科学技术出版社.
张剑国, 杜素惠, 王永珍, 等. 1995. 覆膜早甘蓝干物质积累与养分吸收的研究[J]. 山西农业大学学报, 15(2): 134-138.
张淑霞, 吴旭银. 1998. 心里美萝卜生长动态及养分吸收规律[J]. 中国蔬菜, 4: 13-16.
张秀. 2002. 胡萝卜的施肥要点[J]. 农村科学实验, (5): 19.
张振贤, 于贤昌. 1996. 蔬菜施肥原理与技术[M]. 北京: 中国农业出版社.
张振贤, 赵德婉, 梁书华. 1993. 大白菜矿质营养吸收与分配规律研究[J]. 园艺学报, 20(2): 150-154.
浙江农业大学. 1987. 蔬菜栽培学各论(南方本)[M]. 北京: 农业出版社.
中国农业科学院土壤肥料研究所. 1994. 中国肥料[M]. 上海: 上海科学技术出版社.
中国土壤学会农业化学专业委员会. 1983. 土壤农业化学常规分析方法[M]. 北京: 科学出版社: 273-278.
周顺利, 张福锁, 王兴仁. 2002. 冬小麦不同氮营养品种对氮反应吸收与土壤硝酸盐耗竭的研究[J]. 中国农业科学, 35(6): 667-672.
邹长明, 秦道珠, 徐明岗, 等. 2002. 水稻的氮磷钾养分吸收特性及其与产量的关系[J]. 南京农业大学学报, 25(4): 6-10.
Cutliffe J A, Munro D C. 1976. Effects of nitrogen, phosphorus and potassium on yield and maturity of cauliflower[J]. Can J Plant Sci, 56: 127-131.
Magnifica V, Lattanzis V, Sarli G. 1979. Growth and nutrient removal by broccoli[J]. J Amer Soc Hort Sci, 104(2): 201-203.
Paterson J W. 1989. Eggplants[M]. *In*: Plucknett D L, Sprague H B. Detecting Mineral Nutrient Deficiencies in Tropical and Temperate Crops. Boulder, Colorado: Westview: 56-63.
Zhu Z L. 1997. Fate and management of fertilizer nitrogen in agro-ecosystems[M]. *In*: Zhu Z, Wen Q, Freney J R, et al. Nitrogen in Soils of China. Dordrecht, Netherlands: Kluwer Academic Publishers: 239-279.